BIBLIOTHÈQUE SPÉCIALE DE LA JEUNESSE

APPROUVÉE

PAR S. A. ÉM. MONSEIGNEUR LE CARDINAL

PRINCE DE CROŸ

ARCHEVÊQUE DE ROUEN, PRIMAT DE NORMANDIE, ETC.

J'ai lu, par ordre de S. A. E. Mgr le Cardinal Prince DE CROŸ, Archevêque de Rouen, Primat de Normandie, un petit ouvrage intitulé : *les Animaux industrieux*, par M. B. Allent (10e édition), et je n'y ai rien trouvé de contraire à la foi morale de l'Église catholique.

Rouen.

LEJEUNE

Professeur à la Faculté de théologie.

SAINT-DENIS. — TYPOGRAPHIE DE J. BROCHIN.

Le Singe

LES

ANIMAUX

INDUSTRIEUX

PAR

B. ALLENT

Ouvrage adopté par M. le Ministre de l'Instruction publique

POUR ÊTRE DONNÉ EN PRIX DANS LES LYCÉES

Et par la Ville de Paris.

DOUZIÈME ÉDITION

PARIS

LIBRAIRIE DUCROCQ

55, RUE DE SEINE, 55

AVERTISSEMENT

◌◦◊◦◌

Voici ce qui a fait naître l'idée de cette compilation.

Nous avions été invité à réunir en un même recueil, et sous un même point de vue, les animaux qui, doués d'un instinct plus développé et de grands moyens d'exécution, remplissent, sans le secours de l'éducation, des actes qui les rendent ou nos maîtres, ou nos imitateurs. Les premiers qui s'offraient à nous, d'après cette indication, étaient : le *castor*, le *renard*, l'*abeille* et la *fourmi*; mais qu'alors nous étions loin de connaître toutes les merveilles du règne animal, et combien de jouissances nous étaient ménagées, que nous devions goûter à mesure que nous avancerions dans ce riche domaine, où nous n'étions d'abord entré que pour reconnaître quelques individus! Les connaissances nouvelles faisaient souvent tort aux anciennes : et comme il sera facile d'en juger, d'après nos expressions, nous étions parfois surpris d'être aussi ignorant de ce que savaient faire nos voisins, et mécontent de l'indifférence où nous étions resté à leur égard. Le *rat*, qui habite nos parquets, l'*araignée* qui établit son domicile dans les joints de nos lambris, la *mouche* qui passe l'hiver suspendue à nos plafonds, devenaient pour nous des êtres non moins curieux que ces animaux amenés à grands frais, par les voyageurs des pays les plus lointains.

Une observation minutieuse, mais riche en résultats, nous fit apercevoir une grande partie de notre travail : les naturalistes et les voyageurs que nous consultions en même temps, et avec lesquels nous allions à la découverte des particularités de même genre que présentent les animaux des autres parties du globe, nous permirent bientôt de l'envisager dans tout son ensemble. Connaissant alors ce que nous devions extraire, et ce que nous devions négliger, toutes les parties de l'édifice étaient acquises, et il ne s'agissait plus que de les mettre en œuvre.

Il nous sembla que les faits curieux que nous allions faire connaître à nos jeunes lecteurs faisaient surtout de notre ouvrage un livre d'agrément, et que nous devions nous interdire une classification trop sévère, des dénominations trop techniques : nous avons été fidèle à ce plan. Cependant, comme il n'est pas de composition qui satisfasse l'esprit si la confusion y règne, nous avons senti le besoin de rattacher nos articles épars sous des titres généraux ; et nulle division n'était plus naturelle que celle du règne animal en *quadrupèdes, oiseaux, poissons, insectes*, etc. C'est aussi celle que nous avons adoptée; mais, dans chacune de ces classes, nous n'avons point indiqué à quel genre appartenait tel individu, ni quels étaient ses caractères distinctifs.

En tête de chaque classe, nous avons parlé d'abord d'une manière générale des animaux qu'elle contient, voulant apprendre à nos jeunes lecteurs quelles ressources possédaient ceux dont ils allaient admirer le talent, et les mettre à même de comparer les moyens avec les résultats. Nous avons encore essayé, autant qu'il nous a été possible, de faire sentir toutes les différences qui existent entre le *quadrupède* et l'*oiseau*, entre l'*oiseau* et l'*insecte*, et nous aurons atteint notre but si, s'habituant de bonne heure à l'observation, à la réflexion, nos lecteurs cherchent toujours, entre les objets qui les entourent, d'autres différences que celles qui résultent de la *forme*, de la *couleur*, du *son*, que celles enfin qui n'affectent que les sens.

Ce livre une fois terminé, il lui fallait un titre, et le choix à faire en cette occasion était embarrassant. Après bien des irrésolutions, nous adoptâmes celui des *Animaux industrieux*, bien persuadé cependant qu'il était insuffisant parce qu'il est inexact. En effet, parmi les animaux dont nous avons parlé, il en est qui ne méritent point cette épithète, qui, sans réflexion, sans volonté peutêtre, n'exécutent tel fait que parce qu'il est dans leur organisation de l'exécuter : tel est le rossignol qui n'étudie point son chant, dont son gosier fait seul tous les frais. On pourra donc regarder plus exactement cet ouvrage comme un recueil dans lequel on a pris soin de rassembler tout ce qui pouvait mettre en évidence les merveilles produites par l'intelligence des animaux, ou les singularités dignes de remarque que présente l'organisation de quelques-uns d'entre eux.

Avec ce livre, jeunes lecteurs, vous pouvez suivre les animaux dans l'intérieur de leurs nids, dans leurs courses, dans leurs chasses, dans leurs travaux; et si votre plaisir, à la vue des prodiges qui se passeront sous vos yeux, est moins vif, moins entier que celui que j'éprouvai en les découvrant, après de nombreuses recherches et quelques fatigues, comme moi vous n'aurez point à passer des moments d'indifférence et de dégoût; vous n'observerez jamais inutilement, et peut-être cette compensation me fera-t-elle obtenir de vous un *merci*..., seule marque d'approbation à laquelle je m'attends, seule récompense que j'envie.

B. ALLENT.

LES
ANIMAUX
INDUSTRIEUX

INTRODUCTION

De l'Instinct chez les Animaux.

Si ce globe sur lequel nous sommes portés, si les astres qui l'environnent, et ce soleil qui l'éclaire, ne nous fournissent pas autant de témoins, toujours prêts à prouver l'existence et la toute-puissance de Dieu; si le retour continuel et régulier des saisons, si la mer enchaînée par une force invincible, dans un lit au-dessus duquel elle s'élève depuis tant de siècles, par des efforts toujours répétés et toujours impuissants : si tous ces prodiges soumis à l'ordre admirable qui régit l'univers ne suffisaient point pour attester une puissance suprème, qui crée et qui conserve, il ne faudrait qu'abaisser ses regards sur les animaux, même les plus petits, pour y reconnaître encore le cachet de la Divinité. La structure étonnante de leur corps, la disposition si bien calculée de tous leurs organes, le rapport constant qui existe entre l'habit qui les couvre et le climat qu'ils habitent, leur industrie enfin, que de merveilles qui ouvriraient les yeux du plus aveugle aux rayons de l'éternelle vérité! L'utilité démontrée de tous les êtres, le soin que prend chacun d'eux d'élever ses petits pour les besoins d'un temps pendant lequel il ne sera plus ; cette prévoyance de l'animal dont il faut chercher la cause au dehors de lui : parce qu'elle est contraire à l'égoïsme qui décide de toutes ses actions, me semble, plus encore que tous les raisonnements de son intelligence, une preuve incontestable d'un être supérieur qui, après avoir tout créé, a tout prévu pour conserver. Cette même prévoyance, je la retrouve dans tout ce qui s'offre à mes yeux : elle enhardit ma faiblesse, elle m'aide à vivre, et, m'élevant jusqu'à Dieu, par le tribut de ma reconnaissance, je ne trouve d'interprète digne d'elle, ni d'hommage digne de lui, que la vraie religion.

Comme l'homme, les animaux sont donc sortis

de la main du Créateur, et certes il nous faut songer à leur origine pour n'être point surpris de les voir exécuter, avec des moyens le plus souvent simples et bornés, des choses qui paraissent devoir exiger une précision si remarquable, un sentiment si parfait, et qui pourtant semblent toujours les trouver infaillibles : autrement, pourraient-ils, sans une éducation réelle, sans aucune tradition, se défendre des attaques de leur ennemi, se construire des habitations, s'amasser des provisions, et vivre en société, dernier acte qui, plus que tous les autres peut-être, demande des combinaisons sans nombre et une rare intelligence?

Buffon, qui n'observa point l'animal en classificateur, mais qui chercha à étudier ses mœurs, à surprendre ses moindres habitudes, à peser, pour ainsi dire, la dose de son intelligence, lui accorde un sentiment exquis; c'est ainsi qu'il s'exprime quand il veut parler de son instinct : « Les animaux, dit-il, ont le sentiment plus sûr que nous ne l'avons ; ils sentent bien mieux que nous ce qui convient à leur nature ; ils ne se trompent pas dans le choix de leurs aliments ; guidés par le seul sentiment de leurs besoins actuels, ils le satisfont sans chercher à en faire naître de nouveaux. » Ce que Buffon vient d'avancer, il semble ne l'avoir dit qu'à regret, il se hâte d'enlever aux animaux le mérite de tant de sagesse et veut nous les faire envisager comme des machines sans réflexion, sans mémoire, et n'agissant, dans presque tous les cas, que d'après leur organisation ; aussi est-il entraîné dans de nombreuses contradictions. Il prétend que l'animal n'a aucune conscience de sa vie passée, et cependant il admet qu'il reconnait ceux dont il fut longtemps séparé, les lieux qu'il a parcourus ; qu'il se souvient des bons et des mauvais traitements qu'il a reçus. Quand la fauvette, qui a fait son nid plusieurs années en un même endroit, est inquiétée pendant une saison sur le berceau de ses petits, elle a grand soin l'année suivante, de choisir un autre bosquet ; c'est sa mémoire qui l'empêche d'exposer deux fois sa progéniture au même péril ; c'est une mémoire bien sûre, puisque la nature, changeant trois fois d'habit, sous trois ciels différents, ne l'a point altérée ; c'est la première des mémoires, c'est la mémoire du cœur : si l'animal est incapable de mémoire, l'éducation pourrait-elle donc la développer chez lui ? Il n'est pas de quadrupèdes ni d'oiseaux, parmi ceux que l'on parvient à rendre domestiques ; il n'est point d'insectes, de ceux au moins qui vivent dans l'habitation de l'homme, et dont les organes ont quelques développements, qui n'aient fait preuve de mémoire en répétant une leçon apprise, ou certains actes, à un commandement connu. Le chien Munito n'a-t-il pas joué aux cartes devant des souverains, devant des sociétés savantes? Les serins n'ont-ils pas exécuté des pantomimes, et Pellisson dans les fers n'eut-il pas pour seules compagnes de sa captivité deux araignées qui, à un bruit connu, venaient jusque dans sa main pour y chercher leur nourriture?

Je ne pourrais croire non plus que les animaux manquent de réflexion; car, la veille du jour où j'entrepris d'écrire cet ouvrage, je fus témoin d'un fait qui semble me prouver le contraire. Je rencontrai un chien d'une taille énorme qui sortait de l'un de nos abattoirs, et que son maître avait chargé d'un panier contenant sans doute les débris de quelque animal. Un grand nombre de poursuivants jappaient après lui, et, sans entendre leur langage, je soupçonnais qu'ils l'engageaient à manquer de fidélité. Le dogue me parut un dépositaire très-fidèle; et, lâchant le panier à terre, afin de se débarrasser des importuns qui le harcelaient et qui embarrassaient sa marche, il en mit un hors de combat : mais l'avidité des autres lui rendit la chose difficile; car il était obligé de quitter la lutte à chaque instant pour retourner au panier. Que fit-il? Il reprit le panier et le déposa de nouveau, mais au fond d'une allée voisine, allée étroite et sur le bord de laquelle il se coucha. Sans crainte, il renversait alors celui des parasites qui tentait de l'approcher, et leur nombre diminua bientôt assez rapidement pour qu'il pût reprendre sa course.

Les rêves, dont les animaux sont susceptibles, nous prouvent aussi combien ils gardent de souvenirs; puisque des actes, remplis pendant la veille, leur sont alors rendus présents. Le chien jappe souvent en dormant, et l'on reconnaît dans son aboiement, quoique sourd et faible, la voix de la chasse, les accents de la colère, les soins de la joie ou du murmure.

D'autres animaux d'ailleurs, tant chez les oiseaux que chez les quadrupèdes, offrent en état de société des règlements si bien observés, qu'il est impossible de douter un seul instant qu'ils ne soient l'effet d'un consentement commun, le résultat d'un besoin senti et apprécié.

Que le rossignol fasse entendre des sons harmonieux, et qu'il exécute des morceaux de musique plus parfaits que les nôtres, en ce que tous les sons en sont vrais, et par conséquent impossibles à noter d'après nos méthodes ; que le petit du sarigue, à peine né, s'attache au sein de sa mère ; que la perdrix se cache à l'aspect du chasseur, et se lève alors que le chien rompt son arrêt, je ne vois là que des faits dont l'exécution est ordonnée, et qui se passent même à l'insu de l'animal : mais que la biche ait soin, quand elle sait qu'elle est poursuivie, de jeter son petit faon loin d'elle, afin que les chiens ne puissent le découvrir par la senteur de sa piste ; que le héron cache sous son aile et dans ses plumes le bec acéré dont il veut percer l'estomac de l'oiseau de proie qui fond sur lui; que l'araignée, après avoir tendu sa toile, distingue au mouvement des fils si c'est la main de l'homme qui l'agite, ou le moucheron dont elle fera sa proie, qui s'y débat ; voilà ce qui me semble une preuve incontestable de cet instinct que le ciel a accordé aux animaux, et dont nous n'alléguerons la valeur, comparativement à l'intelligence de l'homme, que par les conclusions suivantes :

L'homme est pour la société, et ne peut valoir que par elle : l'animal, même le plus sociable, peut vivre seul et bien plus aisément que l'homme ne le saurait faire.

L'animal sent avec plus de justesse, l'homme exécute avec plus de moyens.

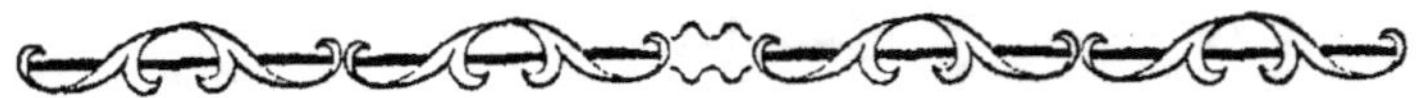

DES QUADRUPÈDES

L'homme est, de tous les animaux, celui qui a été
le plus favorablement organisé pour parvenir à la
perfection. Il possède des organes d'une sensibilité
exquise, d'une forme favorable aux actes qu'il est
appelé à exécuter, aux fonctions qu'il doit remplir ; mais que souvent ces dons précieux lui deviennent, par l'application qu'il en fait, des présents funestes ! Cette force qui lui a été dévolue en
partage, il ne l'emploie qu'à fatiguer son tempérament par mille excès, et il ne semble en faire usage
que pour la perdre plus tôt. Ce cerveau, cette
partie de son être, où l'impie lui-même est forcé
de reconnaître l'existence d'un rayon émané de la
Divinité, à quels faux calculs n'en soumet-il pas le
raisonnement, lorsque les pensées qui naissent
naturellement en lui viennent contrarier ses pen-
chants vicieux, ses désirs immodérés ? L'orgueil,

l'ambition, la colère, les écarts de conduite les plus criminels, les passions les plus honteuses défigurent cette créature que le ciel avait formée pour représenter ici-bas l'image d'un Dieu créateur.

Si les animaux sont moins riches que l'homme en ressources et en moyens, ils font aussi moins de fausses dépenses, ils sont pour la plupart d'une réserve que nous attribuons à leur stupidité, mais qui est bien préférable à la fougue désordonnée qui nous précipite dans des écueils de toute espèce. Lorsqu'ils sont malades, ils sont conduits par un instinct merveilleux, et de suite ils vont cueillir la plante qui doit les guérir.

Les quadrupèdes, qui peut-être ne sont pas la classe du règne animal où les facultés sont le plus développées, ont obtenu, à cause de leur masse plus remarquables, d'être placés les premiers après l'homme. Ils sont d'ailleurs plus privilégiés que lui en mille manières, et la nature ne les a pas oubliés dans le partage de ses largesses.

L'homme est faible, et la marche ne lui devient possible que plusieurs mois, plus d'une année souvent après sa naissance; le quadrupède se soutient sur ses pieds au bout de quelques jours, parfois même de quelques heures : il faut présenter à l'enfant le sein de sa mère, et ce n'est que lorsqu'il a reçu à plusieurs reprises sa nourriture, qu'il la demande par ses cris et qu'il commence à la chercher; le petit du quadrupède trouve la mamelle sans y être porté. Le parallèle continuera encore d'être à l'avantage du quadrupède, si nous calculons combien de temps il met à acquérir toutes ses facultés, tout son développement, et combien l'homme perd d'années pendant le même travail; nous serons surpris de la différence. L'homme ne devient homme parfait qu'à vingt ans, c'est-à-dire vers un grand tiers de son existence, tandis qu'il est tel quadrupède qui, n'étant pas parvenu au vingtième de sa vie, n'a plus rien à attendre des bienfaits de la nature. Chez beaucoup d'animaux de cette famille, on remarque des passions dont la source est toute morale : par exemple, l'orgueil et l'ambition; mais elles sont chez eux le sentiment de leur force, de leur agilité : aussi ils dédaignent un concurrent inhabile et refusent de jouter; ils méprisent un ennemi trop faible et supportent avec indifférence ses injures. Combien d'hommes tirent vanité d'un prix remporté dans un concours inégal? Combien peu ne se vengent point du plus impuissant de leurs ennemis!

Les quadrupèdes ont aussi de la mémoire, et, dans l'éducation qu'ils reçoivent de l'homme ou de leurs parents, ils font plusieurs fois ce qu'ils ont fait une fois, volontiers ce qu'ils ont exécuté d'abord avec répugnance, et enfin par l'habitude ce qu'ils ne firent souvent en premier lieu que par hasard.

Certains quadrupèdes, les singes, par exemple, ont été de tous temps les historiens du peuple, et de tous temps ils ont fait l'admiration du vulgaire. On a loué en eux l'imitation de nos gestes et de nos manières, et cependant c'était peut-être, de toutes ces preuves d'intelligence données par les animaux, la moins satisfaisante. Copier ne prouve qu'en faveur du sens de la vue et d'une conformation particulière qui permet à l'animal de fléchir ses membres de telle manière, de les tourner vers telle direction; et l'homme sensé fera beaucoup plus de cas de l'éléphant, qui laisse remarquer en lui l'intelligence la plus noble et les intentions les plus généreuses. Nous devons préférer l'animal qui se donne en exemple à l'homme, à celui qui ne cherche qu'à l'imiter.

Les singes, comme l'a dit fort spirituellement Buffon, sont des gens à talents, mais ne sont pas des gens d'esprit.

Le sens de l'appétit est très-développé chez les quadrupèdes, et par suite celui de l'odorat qui en

fait partie. Chez l'homme, le toucher est bien supérieur à ce qu'il est chez les quadrupèdes, qui
pour la plupart, en sont presque privés. Des sabots
d'une seule pièce, des pieds lourds et à peine
pourvus de doigts calleux, des peaux velues qui,
comme obstacles à la sensation, laissent entre
leurs nerfs et les corps environnants un espace
immense, voilà toutes les causes qui arrêtent le
quadrupède dans sa vie de relation et qui bornent
son intelligence; mais il sera bon chasseur, parce
qu'il a le plus souvent des armes meurtrières, une
agilité de membres qui le lance sur les traces de
la proie qu'il poursuit, et un odorat extrêmement
délié, qui lui rend la recherche de son gibier plus
facile, et sa capture presque inévitable.

Il faut admettre encore au nombre des causes
qui restreignent la dose d'intelligence et d'industrie accordée au quadrupède, cet état de sou-
mision, de crainte ou d'exil dans lequel l'a jeté
l'homme. Ce souverain du globe fait servir les espèces les plus douces à ses travaux journaliers.
Il contraint celles qu'il n'emploie point, et qui sont
trop acclimatées pour s'éloigner de son habitation, à se cacher, et, le fer et la flamme à la main,
il refoule dans les déserts incultes, dans les sables
brûlants et sur les mers glacées, les espèces les

plus cruelles, qui pourraient, une fois rapprochées de ses demeures, l'en chasser lui-même, ou tout au moins les lui disputer.

Toutes les perfections de l'animal dépendent donc de son organisation, des conditions plus ou moins favorables d'après lesquelles sont fabriqués ses organes.

Tout dépend, dans l'animal, du plus ou du moins de perfectionnement de ses parties; mais quel est celui qui a fixé le degré juste de ce perfectionnement auquel elles peuvent atteindre?... Dieu!

LE RENARD.

Parmi les animaux, il en est un grand nombre qui sont vagabonds; d'autres ont un domicile fixe: et ce sont ceux chez lesquels cette faculté, que nous avons appelé instinct, est le plus développée. L'élection d'un lieu de retraite, la construction d'un nid, d'un terrier, font supposer chez les animaux une attention singulière sur leurs besoins, et beaucoup de réflexion et de calcul. Les ruses qu'ils emploient pour se défendre contre les attaques des chasseurs, ou pour s'emparer eux-mêmes de leur proie, sont aussi fort ingénieuses

et beaucoup mieux appropriées qu'elles ne le seraient, inventées par l'homme lui-même. Enfin,
chez les animaux qui vivent en société, il n'est
point rare de découvrir des idées d'ordre, de justice, qui étonnent, et qui font douter un moment
de la vérité de l'observation.

Le renard sait se pratiquer un asile, où il se met
en sûreté dans les dangers pressants; mais si ce
n'est son attachement pour ses petits, il ne se présente point favorablement, considéré sous le point
de vue moral : chez lui tout est finesse, et sa
finesse n'a pour but que de satisfaire à sa voracité.
C'est de nuit qu'il se met en campagne, et jamais
il ne commence les hostilités qu'il ne soit sûr de
trouver la place sans défense. Il n'ose menacer
les troupeaux, les chiens l'effrayent et il redoute
la prudence du berger : la basse-cour est le théâtre
de ses exploits; il y pénètre pendant le sommeil,
rampe jusqu'à la volaille que sa vue rend muette
de frayeur, et, sans perdre un instant, il égorge
tout ce qu'il rencontre. Il semblerait qu'il veut, en
sacrifiant ce qu'il lui sera impossible d'enlever, se
prémunir contre des cris d'alarme. Tranquille, il
sort de la ferme, y revient à plusieurs reprises,
et, dans chacune de ses courses, il emporte une
partie du butin, et va le cacher sous la mousse. Ici,

il fait de nouveau preuve de finesse et d'une grande prévoyance. Comme son magasin, s'il n'en établissait qu'un seul, pourrait être découvert et détruit, il dépose chaque morceau dans un endroit différent; et ce n'est point, comme on pourrait le penser, qu'il oublie le lieu où il a porté sa première proie; car les jours suivants, lorsque la faim se fait sentir, il va successivement chercher toutes les provisions qu'il a mises en réserve.

Il est friand et délicat dans ses appétits : les oiseaux de pipée lui plaisent presque autant que les poules; il se loge parfois près des lieux où des lacets sont tendus, où des gluaux sont disposés; et dès qu'une grive est prise, qu'un merle est empêtré, il devance le chasseur et les enlève. Il est aussi très-avide de miel; et, dans les efforts qu'il fait pour piller les ruches, il a occasion de déployer son adresse : les abeilles sauvages le mettent en fuite, en le perçant de mille coups d'aiguillon ; mais, à son tour, il parvient à leur faire abandonner la place; il les écrase en grand nombre, en se roulant sur le dos, et revient si souvent à la charge, qu'elles émigrent et lui abandonnent le guêpier; alors il le déterre, et mange la cire et le miel.

La femelle du renard, dès qu'elle est pleine, ne

sort plus que rarement du terrier; elle y prépare un lit pour ses petits; elle a pour eux les soins les plus diligents; et si, pendant son absence, elle s'aperçoit qu'ils aient été visités et qu'ils puissent courir quelque danger, rien n'égale sa sollicitude; elle enlève celui d'entre eux qu'elle affectionne le plus, mais elle songe également à la conservation des autres, et avant d'aller porter celui-ci au nouveau domicile, elle ferme l'entrée de celui qu'elle quitte avec des feuilles et des branches d'arbre : elle transporte ainsi tous ses petits les uns après les autres, et chaque fois elle prend les mêmes précautions.

Le renard est peut-être de tous les animaux celui que les fabulistes ont mis le plus souvent en action.

LA LOUTRE.

On range la loutre parmi les animaux carnassiers : elle est plus avide de poissons que de toute autre nourriture, et de ce côté elle se trouve préparée en quelque sorte pour la nature à la chasse qu'elle doit exercer; car, sans être amphibie, elle peut rester très-longtemps entre deux eaux, et, sans venir respirer, elle remonte ou descend les rivières à des distances considérables. Qui verrait sa figure ignoble et ses mouvements difficiles, et entendrait son cri monotone et sans aucune expression, serait surpris de la rencontrer dans ce recueil; elle est cependant industrieuse, et doit à l'expérience les talents qui m'ont déterminé à la placer ici. Comme le castor, dont nous aurons à vanter les travaux, elle se construit une demeure; et, avec de petits morceaux de bois, liés au moyen d'herbe et de terre, elle élève à quelque distance du sol un plancher qui la préserve de l'humidité : c'est dans ce magasin qu'elle entasse des poissons, dont on retrouve la tête et les principales arêtes, qu'elle ne rejette jamais au dehors.

Comme on ne la rencontre jamais dans la mer, il arrive parfois que, la glace venant à s'emparer des eaux douces, elle est privée de poisson; alors elle vit d'herbes, et va les chercher sous la neige.

La loutre a la tête plate et le museau fort large; son cou se confond avec sa tête, tant il est gros; son corps, assez allongé, est soutenu par des jambes très-courtes et des pieds à membranes, comme ceux des oiseaux aquatiques; sa fourrure est brune et se vend aux chapeliers, qui en font des casquettes : on trouve la loutre en Europe et dans l'Amérique septentrionale.

L'ÉCUREUIL.

L'écureuil est un des quadrupèdes les plus élégants; sa légèreté ajoute à sa grâce ; et si l'énorme queue, qui dérange l'harmonie de son corps, présente trop de volume, ce volume disparaît par son étonnante mobilité ; c'est une ombrelle qu'il élève au-dessus de sa tête, pendant les chaleurs de la journée; c'est un gouvernail, c'est une voile qu'il sait convenablement diriger, quand il lui faut traverser l'eau sur une écorce légère. Rien n'est plus divertissant que de voir plusieurs de ces petits animaux se rendre dans une île où ils espèrent trouver ample provision de noix, d'amandes et de glands : chacun est porté sur un morceau d'écorce d'arbre, qu'il tient fortement avec ses pattes ; tous livrent au vent l'épaisseur de leur queue, exécutent ensemble les mêmes mouvements, et suivent la même route.

C'est avec beaucoup d'industrie que l'écureuil fait son nid : il élève, dans l'enfourchure d'un arbre des bûchettes, qu'il entre-croise, et amasse dans les vides une assez grande quantité de mousse; puis il foule le petit dôme qu'il obtient ainsi jusqu'à ce qu'il ait acquis assez de solidité pour résister aux injures du temps, et pour le mettre à l'abri, lui et sa famille, contre la fureur des vents. C'était beaucoup sans doute pour un être aussi faible, aussi étourdi, de s'être construit une cabane ; ce n'est point assez pour son intelligence : une seule ouverture est restée au sommet du cône, par laquelle descend chez lui cet *architecte propriétaire* ; mais cette ouverture, nécessaire pour l'introduction de l'air, donne aussi passage aux eaux pluviales, et l'édifice est exposé aux inondations. Que fera l'écureuil pour obvier à l'inconvénient sans perdre les avantages ? ce que la prudence, ce que l'intelligence humaine eussent fait elles-mêmes ; il élèvera au-dessus de cette ouverture une petite toiture qui détournera les eaux de la pluie, en les dirigeant sur les parois extérieures de sa cabane, et qui laissera l'air circuler, en ne fermant point l'ouverture au-dessus de laquelle elle sera fixée par des liens aussi solides que peu apparents. Devant ces prodiges, l'homme serait tenté de s'humilier, et ne conçoit chez ces petits êtres une si grande sagesse, que lorsqu'il a une fois réfléchi que, comme lui, ils sont sortis des mains d'un Dieu tout-puissant.

LE RAT.

Habitués à ne considérer les animaux, comme les choses, que sous le seul rapport par lequel ils nous affectent le plus vivement, nous ne voyons dans la puce qu'un insecte dont la piqûre est incommode ; dans le rat qu'un ennemi de nos provisions de ménage, dont les ·vols réitérés nous obligent à élever des chats. Au moins le plus grand nombre se contentent-ils de ces premiers aperçus, sans se procurer, par une investigation à laquelle ils ne songent même pas, des jouissances qui sont réservées à l'homme du monde, toutes les fois qu'il voudra jeter les yeux sur les ouvrages des savants.

L'homme du monde fatigué de plaisirs trop souvent répétés, et dont il ne sent plus le charme, ne lirait pas sans intérèt l'histoire de ce rat qui se cache dans les caveaux de son hôtel ; il le verrait amasser des provisions avec peine et par un travail constant ; il ne serait pas touché moins vivement lorsqu'il le verrait combattre avec une témérité sans égale, un dévouement sans réserve, les chats qui menacent ses petits. Dùt-il lui en coûter quelque peu de farine, quelques sacs d'amandes, il désirerait voir un moment les petits de cet animal trouver leur salut dans le péril de leur mère.

Le mulot, espèce très-voisine du rat, offrirait à ce même homme une leçon contre la dissipation. Une fois attiré par l'attrait de l'observation, il n'est pas rare qu'il ne remarquât les provisions que cet animal glaneur met en réserve pendant l'été, pour fournir aux besoins de l'hiver : il se demanderait sans doute pourquoi le mulot sépare le trou qu'il creuse à 32 centimètres sous terre, en deux loges bien distinctes, dont l'une lui sert de magasin, tandis qu'il habite l'autre avec toute sa famille. Pendant le temps qu'il emploierait à répondre à cette question, combien de dépenses frivoles il aurait oublié de faire? de combien de plaisirs il se serait privé, qui, une fois évanouis, ne devaient lui faire éprouver que des regrets?

LA TAUPE.

La taupe a les yeux très-petits, mais elle n'est point aveugle comme on l'a si longtemps avancé; peut-être même doit-elle à cette disposition défavorable de l'organe qui étend les rapports de tout individu, la constance de ses habitudes sédentaires, son attachement pour sa compagne, et l'aversion et l'effroi que lui inspire toute autre société : elle y verrait davantage qu'elle serait moins heureuse, et que cette douce obscurité, qui met son existence à l'abri des poursuites, lui deviendrait impossible.

La taupe ne quitte que rarement sa demeure souterraine, car elle sait l'étendre de manière à y trouver sa nourriture. L'abondance des pluies d'été la force parfois d'en sortir; mais il faut que les orages deviennent extrêmement fréquents pour que ses petits soient exposés à l'inondation.

Le domicile de la taupe mérite une description particulière, comme ses vertus domestiques méritent un panégyrique. Elle choisit un sol doux, et de préférence peuplé de vers et d'insectes. Elle commence par pousser la terre au-dessous de laquelle elle s'est introduite, et finit par l'élever en un dôme assez solide, et qu'elle a soin de recouvrir d'un sable mouvant. Ce dôme ainsi formé est soutenu, de distance en distance, par des piliers de terre battue et mêlée d'herbes et de racines; entre les piliers s'élève un tertre dont le milieu reçoit le lit des petits, formé de feuilles et d'herbes tendres, et le tient élevé près du sommet concave de la voûte; autour du tertre sont des trous qui s'étendent de tous côtés, comme des rayons qui partiraient d'un centre commun : ce sont des conduits de douze ou quinze pas, par lesquels la taupe mère

va chercher les aliments nécessaires à ses petits.
Ces chemins creux sont aussi fermes, aussi bien
battus que le reste de l'ouvrage, et, comme le centre, ils sont toujours semés d'oignons de colchi-
que, que l'on soupçonne devoir être la première
nourriture que peuvent prendre les jeunes taupes.

On a prétendu à tort que, pendant l'hiver, la
taupe restait plongée dans un sommeil léthargique; elle dort très-peu, même en cette saison; et
il est facile de s'en assurer, car, en soulevant la
neige, on aperçoit les traces qu'elle laisse après
elle, lorsqu'elle va chercher sa nourriture. En
décembre, il arrive fréquemment que les jardiniers les prennent autour de leurs couches, ou à
l'entrée de leurs serres.

La taupe ne se trouve guère que dans les pays
cultivés : elle recherche comme on vient de le
voir, les endroits chauds; aussi ne la rencontre-
t-on jamais dans les climats où la terre est gelée
pendant la plus grande partie de l'année.

LA CHAUVE-SOURIS.

Parmi les productions de la nature, il n'en est
pas une qui n'offre dans toutes ses parties une
harmonie complète, et qui ne soit, par conséquent,

aussi parfaite qu'elle avait besoin de l'être : cependant, soit ignorance de notre jugement ou imperfection de nos organes, nous ne sentons point toujours ce beau qui tient à des rapports admirablement établis ; ce beau qui n'est autre chose que le nécessaire, et qui réside en cela seulement, que chaque organe est le mieux disposé qu'il est possible pour l'accomplissement des fonctions qu'il doit remplir. Nous nous arrêtons le plus souvent aux formes extérieures, et tout ce qui sort des règles ordinaires nous paraît monstrueux. Que nous manque-t-il pour porter un jugement tout contraire ? L'habitude de voir ces mêmes êtres que nous trouvons disporportionnés, et l'absence prolongée de ceux avec lesquels nous nous sommes trouvés si longtemps, que nous avons fini par les prendre pour modèles.

Quelquefois encore nos yeux sont égarés par nos souvenirs, et, en jugeant un animal, un végétal, sous ses rapports physiques, nous tenons pour ainsi dire compte de ses rapports moraux. Il est telle plante vénéneuse dont nous refusons de reconnaître l'élégance ou la majesté, tel animal carnassier que nous ne trouvons laid que parce que nous lui savons des habitudes sanguinaires. Pour apprécier les choses à leur valeur réelle, il faudrait que l'homme pût consulter ses sensations, sans se laisser dominer par elles.

La chauve-souris est un de ces animaux que nous sommes convenus de trouver laids, parce qu'ils nous affectent désagréablement. A demi-quadrupède et volatile imparfait, elle n'a pour ailes qu'une membrane semblable à celle qui réunit les digitations des pattes des oiseaux aquatiques; pour pied de devant, des os très-allongés, qui ne sont recouverts ni de poils, ni de plumes; enfin, dans quelques espèces au moins *(l'oreillard-fer-à-cheval)*, des oreilles d'une dimension extrême par rapport au reste du corps.

Dans l'hiver, la *chauve-souris* s'enveloppe de ses membranes comme d'un manteau, et ainsi garantie du froid, elle se pend par les pieds de derrière, le long des murailles, dans les caveaux et les lieux souterrains. Appellerons-nous industrie cette obéissance à un avertissement de la nature qui lui indique et le lieu qu'elle doit habiter pendant la saison des frimas, et le moyen qu'elle doit employer pour se garantir de son influence?

LE SURMULOT.

Parmi les dépouilles naturelles que le cabinet du Jardin des Plantes de Paris offre au regards des curieux, il est des portions de squelettes d'animaux dont les semblables ne se sont point retrouvés : il est des races éteintes ou émigrées dans des pays inconnus. Quelque surprise que doive faire éprouver ces disparitions, lorsqu'on réfléchit que la nature, pour conserver les espèces, fait des efforts constants, et même sacrifie les individus à ce grand intérêt, l'éloignement où nous sommes des pays dans lesquels ont eu lieu ces changements, rend le phénomène moins sensible pour la foule, moins facile à étudier pour le naturaliste ; mais l'intérêt croît également pour tous, quand il se passe sous nos yeux. On ne fut pas médiocrement surpris lorsqu'en 1739 on vit tout à coup paraître, aux environs de Paris, à Chantilly, à Versailles, un animal jusqu'alors inconnu, le *surmulot*, dont l'origine reste encore cachée dans les secrets de la nature.

Le *surmulot*, plus gros, plus grand que le mulot, et différent de lui par des caractères très-tranchés, a le poil roux, la queue extrêmement longue et sans poil, l'épine du dos arquée comme celle de l'écureuil, et des moustaches comme le chat. Attaqué, il se défend avec courage, même avec une sorte d'audace, et ne mesure jamais la force de ses ennemis. Sa morsure est envenimée, et la plaie qu'elle fait est longtemps à se fermer.

La femelle du surmulot offre un exemple touchant d'amour maternel : attentive aux besoins futurs des petits qu'elle porte en son sein, elle leur construit un lit trois jours avant de mettre bas. Quelques individus de cette espèce ayant été mis en cage pour servir à l'observation, les mères, trois jours avant de se délivrer de leur fardeau, songèrent au lit de leurs petits : n'ayant point d'autres matériaux à leur disposition que la planche de leur cache, elles se mirent à la ronger et en firent une quantité considérable de petits copeaux, qu'elles disposèrent ensuite par couches. Comme ce travail était plus pénible que la recherche dans les champs de petits morceaux de bois tout taillés, il fut aussi plus long, et le lit n'était point achevé quand le moment de mettre bas arriva. On vit alors les femelles redoubler d'activité et travailler encore en poussant des cris. Les mâles en ce moment se mirent aussi à l'ouvrage. Il est des leçons toutes naturelles que nous donneraient les animaux, si nous les observions de plus près, et qui vaudraient bien les traités de morale.

LA MARMOTTE.

La marmotte est la compagne assidue des jeunes Savoyards, qui viennent passer l'hiver dans nos villes. Nous n'entreprendrons point de la décrire, puisqu'elle est exposée six mois de l'année à tous les yeux. Quelques-uns de ses historiens prétendent qu'elle est le premier maître de ces jeunes garçons, qui sont devenus à leur tour ses maîtres de danse. Quand la marmotte se trouve entre deux rochers, elle pose ses pattes, d'un côté sur l'un des deux, ses pattes opposées sur l'autre, et parvient ainsi jusqu'à leur sommet. On assure que cet exemple a appris aux enfants de la Savoie à monter dans les cheminées.

La marmotte n'est point difficile à élever; elle mange tout ce qu'on lui présente; des hannetons, des sauterelles, des herbes, des racines; mais elle est plus friande de beurre et de lait que de tout autre aliment. Quelque lourde qu'elle paraisse, elle devient vive et active quand il s'agit d'entrer dans les endroits où ses provisions sont renfermées. Lorsqu'elle y parvient, sa joie, qu'elle ne peut cacher, ne tarde point à la trahir; dès qu'elle boit le lait, elle fait entendre un murmure de contentement qui attire les valets sur ses traces.

Si ce n'est le castor, il n'est peut-être point d'animal plus industrieux que la marmotte ; il n'en est point dont les travaux soient plus réguliers, plus constamment les mêmes. Un plan, des devis semblent avoir été faits d'avance ; et, dans la construction de leur maison d'hiver, les marmottes suivent les règles fixes, et seulement variables, encore dans des proportions déterminées, selon le nombre des habitants que doivent contenir les appartements.

Dès la fin de juillet, les marmottes préparent avec plus de soin leur retraite, qu'elles conservent d'ailleurs toute l'année ; mais à cette époque elles l'agrandissent et la meublent avec art. C'est en commun qu'elles travaillent, c'est avec une sorte de fraternité qu'elles partagent les fatigues. Le lieu du quartier d'hiver une fois convenu (et c'est ordinairement sur le penchant de la montagne), on va chercher les provisions. Les plus jeunes coupent les herbes, les tiges de foin que la faux a épargnées, soulèvent les mousses du pied des arbres, tandis que les vieilles les amassent par tas, et chargent celles qui sont destinées à servir de voiture. Comme ce poste est le moins agréable, il est rempli tour à tour par chaque membre de la société. Une d'entre elles se met donc sur le dos et saisit entre ses quatre pattes tout ce dont on la couvre, tandis que plusieurs autres la tirent par la queue ou l'empêchent de tomber sur le côté. On arrive ainsi jusqu'au souterrain, où de nouveaux travailleurs reçoivent les matériaux et les séparent, pour les employer à différents usages. La mousse et l'herbe tendre servent à faire des lits ; le foin sec et dur est haché et détrempé avec un peu de terre pour lui donner plus de solidité, travail tout à fait semblable à celui qu'entreprend le paysan qui élève un mur de bauge. Enfin, les branches d'arbustes sont autant de piliers qui, tantôt droits au milieu de la chambre, où tantôt en arc-boutants et placés dans l'angle de la toiture et des murailles, soutiennent tout l'édifice.

Comme nous l'avons déjà dit, c'est sur le penchant du mont et près de son sommet que la marmotte établit son domicile, qui a toujours la forme d'un Y : à la réunion des trois branches est une pièce, qui sert de salon et de chambre de conseil, mais plus longtemps encore de dortoir. Aussi propres que les chats, les marmottes ont un lieu désigné pour aller y déposer leurs ordures ; c'est par la branche inférieure de l'Y que celles-ci s'écoulent de manière que la chambre, très-haute d'ailleurs, se trouve à l'abri de toute odeur infecte et de toute humidité. Les deux branches supérieures représentent deux conduits, qui ont chacun une ouverture particulière ; c'est par une de ces routes que les marmottes introduisent leurs convois de vivres ; l'autre est un chemin couvert par lequel elles rentrent ou font une sortie, selon l'urgence et la nature du danger.

C'est vers la fin de septembre et jusqu'au commencement d'avril que la marmotte se renferme dans sa retraite ; mais elle n'y reste point engourdie six mois de l'année, comme on l'a d'abord généralement cru : ce n'est que pendant un espace de temps beaucoup plus court qu'elle reste en cet état. Quoique habitant les sommets neigeux et glacés des Alpes, la marmotte est très-sensible au froid ; elle se cache aussi pendant l'orage, et semble craindre jusqu'à la pluie fine. Lorsqu'il souffle un vent chaud et que les troupes de marmottes sont à s'ébattre sur le gazon, une d'elles, placée en vedette sur une roche élevée, les avertit, par un sifflet aigu, de l'approche de l'homme, du chien, de l'aigle, ou de tout autre ennemi ; elles se précipitent alors vers leur trou, et la sentinelle attend que toutes soient rentrées pour quitter son poste, comme si cette condition faisait partie de sa consigne.

LE CASTOR.

Cet architecte exécute des travaux si parfaits, il y a tant de calcul dans ses plans, tant de précision dans leur exécution, qu'on ne saurait lui refuser une intelligence supérieure. Les castors vivent en société, mais leurs réunions ne sé font point sans choix ; il est des individus, dans l'espèce, qui, par un arrêt public, sont éloignés de l'association : flétris par ce bannissement, et las d'une vie réprouvée, ils ne cherchent point à la rendre plus supportable par des établissements qu'ils pourraient encore élever. Seuls et retirés dans un terrier ou sur les bords d'un fossé, ils végètent tristement, et quelques écrivains ont voulu reconnaître chez ces castors solitaires, des défauts qu'ils ont donnés comme cause de leur exil.

Ces faits, s'ils étaient prouvés, nous feraient accorder au castor une puissance morale que nous refusons ordinairement aux animaux. Ce qu'il y a de bien constant, c'est que le castor ne déploie ses rares talents que dans un état de pleine liberté, et s'il n'habite un pays parfaitement tranquille, qu'il vienne à craindre les poursuites de l'homme, il ne songe plus à bâtir. C'est l'artiste qui ne peut composer, s'il n'est possesseur d'un immense horizon.

Nous avons vu presque tous les animaux que nous avons jusqu'ici passés en revue, couper du bois pour se construire une cabane, se faire un lit des débris de certaines plantes, et se servir, comme d'une arme et d'un instrument, des bâtons et des pierres que le hasard leur fait rencontrer. Ici, les effets produits sont d'un ordre plus élevé, les causes sont plus intellectuelles : ce n'est plus une mécanique dans laquelle un ressort, mis en mouvement par un poids calculé d'avance, doit exécuter tel mouvement, et se déplacer d'un certain nombre de degrés : ici, tout semble le résultat d'une volonté modifiée selon le lieu, selon l'époque, selon les circonstances. Le castor ne bâtit point auprès de la demeure de l'homme, comme l'abeille, qui dépose son miel jusque dans la ruche spoliatrice ; il ne commence point ses travaux aux mêmes jours de l'année ; ses ateliers sont ouverts plus tôt ou plus tard, selon que les édifices dont l'érection est projetée doivent être plus ou moins considérables ; enfin, si dans une inondation les digues du castor ont été enlevées, si les cabanes ont souffert, il se remet à l'ouvrage dès que les eaux baissent, et consacre aux fatigues un temps qui devait s'écouler dans un doux repos, au milieu des plaisirs et des douceurs de la vie domestique.

Le castor est moins fin que le renard, moins prudent que l'éléphant, moins intelligent que le chien; il commerce difficilement avec l'homme : ses qualités étant pour ainsi dire toutes intérieures, et n'étant jamais développées que dans ses rapports avec ceux de son espèce, nous lui avons longtemps refusé la réputation d'industrie qu'il mérite. Les relations des premiers voyageurs nous ont trouvés incrédules, et ce n'est qu'après avoir entendu les autorités les plus respectables accorder leur croyance à ces récits mille fois vérifiés, que nous avons fait violence à la nôtre. Tout est mystère dans la nature ; mais habitués à voir des miracles, nous n'en sommes plus frappés, et ceux-là seulement nous étonnent qui ne sont pas sous nos yeux, et dont les récits nous parviennent de pays éloignés.

C'est vers la fin du mois de juin que les castors s'assemblent ; ils se rendent de toutes parts au lieu fixé pour le rendez-vous; à peu près comme les paysans de plusieurs cantons, au bourg où se tient une foire célèbre. L'endroit où ils se réunissent est ordinairement celui où la colonie doit s'établir.

Peu d'instants sont employés au plaisir, et l'heure de travail vient de sonner. Tout s'agite; les deux ou trois cents castors sont en marche par bandes, et le nombre des travailleurs dans chaque troupe est proportionné à la partie de l'ouvrage commun qu'elle doit entreprendre. Deux castors coupent un arbre de la grosseur du bras, d'autres, plus nombreux, rongent au pied un tronc plus gros que le corps de l'homme. C'est même une bonne fortune pour eux quand ils rencontrent sur le bord de la rivière où ils s'établissent, un arbre qu'ils peuvent abattre; car ils le font tomber dans les eaux, et, comme ils ont soin de le diriger de manière qu'il coupe le lit en travers, ce sont des fondements promptement faits pour la digue qu'il leur faut élever. Cet arbre, ainsi rongé à 32 centimètres de sa base, est jeté sur le côté de son tronc qui fait face à l'eau; les castors en rongent les branches, afin qu'il porte partout également et ne laisse pas aux courants des arcades par lesquelles ils se précipiteraient dans la crue des eaux, ce qui renverserait l'édifice. Les pieux arrivent ensuite, et il est étonnant que, coupés à d'assez grandes distances les uns des autres, et par des animaux qui ne peuvent pas communiquer pendant l'opération, ils se trouvent tous de dimension égale; qu'ensuite ils soient enfoncés dans la terre d'une même quantité, et qu'ainsi leurs extrémités supérieures soient encore de niveau.

Combien les travaux au point où nous les supposons arrivés, ont déjà dû offrir d'obstacles aux travailleurs ? que de difficultés surmontées ! Il a fallu, sans autre secours que ses deux dents incisives, que le castor parvînt à couper à sa base un arbre très-gros, et qu'il le dirigeât dans sa chute : travail qui occupe plusieurs hommes, armés de haches, pendant un laps de temps assez considérable. Ensuite, avec ses dents et ses pattes, il a été obligé d'arracher les branches qui s'opposaient à ce que l'arbre posât au fond de l'eau, et l'écorce qui l'aurait empêché de se durcir, en l'enveloppant d'un corps spongieux et constamment humide : enfin des pieux apportés, souvent de très-loin, jusqu'au lit du fleuve, ont été dressés verticalement et enfoncés avec les pattes dans des trous dont la terre avait été auparavant déblayée. Eh bien ! ce n'est point tout encore, l'œuvre dans cet état ne leur semble qu'imparfaite ; il faut que leur queue, cette truelle plate et écailleuse que leur a donnée la nature, soit mise à l'usage auquel la nature a voulu qu'elle servît. Les castors vont chercher des terres argileuses qui résistent à l'action de l'eau ; ils les enlèvent avec leurs pieds de devant, et les apportent dans leur gueule jusqu'à la digue. Alors ils en remplissent tous les interstices restés vides, et à coups de queue ils la battent au point qu'il semblerait que la main de l'homme soit venue à leur aide.

Voilà certainement qui dérange toutes nos combinaisons, et qui donne un démenti à notre orgueil, toujours porté à refuser aux animaux une intelligence émanée, comme la nôtre, d'une source de grandeur et de pureté.

La digue est terminée, et par une prévoyance qui semble née des connaissances les plus positives de l'hydraulique, elle est large à sa base de 4 mètres, et de 65 centimètres seulement à son sommet, et par conséquent en glacis, de manière à offrir à la force de l'eau un plan oblique qui la décompose, et à rendre ainsi l'ouvrage plus solide en rendant plus faible l'action destructive des courants. Rien n'est oublié dans cette construction miraculeuse.

Au-dessous de ce travail avancé, qui n'est élevé que pour les protéger, sont construites les habitations : les unes ont deux étages, d'autres en ont trois, et enfin plusieurs n'ont qu'un rez-de-chaussée ; le plancher inférieur est posé sur pilotis ; les murailles ont 65 centimètres d'épaisseur, et les ouvertures ou fenêtres sont coupées en figures géométriques; elles sont toujours au nombre de deux; l'une donne sur l'eau et l'autre du côté de la terre. La forme de la maisonnette entière est ovale; c'est une voûte qui la termine et qui lui sert de toiture; un mastic impénétrable à l'eau, formé de terre grasse et de petits morceaux de bois ou de petites pierres, sert à les enduire; c'est, pour la propreté et la solidité, un véritable stuc.

Les cabanes ne sont pas construites, comme la digue, à frais communs; ceux qui doivent habiter chacune d'elles s'y rassemblent pour y travailler, et ne sont point aidés par les autres. Ici il est impossible de refuser au castor de la réflexion, car il arrive que les dimensions de la maison sont toujours en un rapport exact avec le nombre d'habitants qu'elle doit contenir : les plus petites cabanes contiennent deux, quatre et six castors; les plus grandes, douze, vingt et jusqu'à trente, presque toujours en nombre pair, et autant de femelles que de mâles. Ainsi, deux cent ou deux cent cinquante ouvriers associés ont coopéré au grand ouvrage public, et se sont partagé ensuite par compagnies pour la construction des habitations particulières.

Le castor est dans une position heureuse lorsqu'il travaille, et peut-être a-t-il moins besoin de courage et de persévérance qu'on ne serait d'abord tenté de lui en souhaiter; il aime le bois tendre par dessus tout autre aliment, et dès qu'il se met à l'ouvrage, il ronge des aulnes et des peupliers. Ses heures de travail sont donc un continuel repas.

La demeure des castors est propre, car c'est dans l'eau qu'ils vont déposer leurs ordures; elle est parée, car ils y étendent des branches de buis et de sapin, qu'ils ont soin de renouveler dès qu'elles ont été mutilées. Un attachement conjugal, contre lequel des goûts nouveaux n'ont aucun pouvoir; des appétits modérés, satisfaits par l'abondance des vivres qu'ils prennent soin d'amasser, des habitudes simples, et une confiance extrème qui n'est jamais trahie..., voilà sur quelles bases repose la félicité des castors. Que de sociétés humaines ont des liens moins doux et moins solides!

C'est en hiver que les chasseurs vont troubler le castor dans sa retraite; sa fourrure, fort estimée, et presque seule employée jadis pour la fabrication des chapeaux, est aujourd'hui remplacée par les peaux des animaux indigènes les plus communs. La chasse au castor est difficile, en ce qu'ils évitent en plongeant dans l'eau, qu'on les approche : une sentinelle d'un coup de queue appliqué sur la surface de l'eau, donne l'éveil à une bourgade tout entière ; ce signal d'alarme retentit dans toutes les habitations, et les mâles s'éloignent, tandis que les femelles se blottissent avec leurs petits dans l'endroit le plus retiré de la cabane, et font des morsures cruelles lorsqu'elles sont découvertes et poursuivies. Si les chasseurs détruisent les travaux à plusieurs reprises, et tuent un grand nombre de castors, ceux qui survivent se dispersent pour échapper au péril, et, réduits à une existence ordinaire, ils ne s'occupent, au fond d'un terrier, qu'à pourvoir à leurs besoins les plus pressants ; on dirait que, dégoûtés d'une épreuve fâcheuse, ils ont perdu sans retour ces talents et ces qualités sociales que nous venons d'admirer.

L'ONDATRA.

Le rat musqué du Canada, appelé *ondatra* par les sauvages de l'Amérique septentrionale, est à peu près comme un jeune lapin, et se rapproche du rat par sa forme et par la couleur de son poil ; sa queue, aplatie sur les côtés, le distingue du rat ordinaire ; il ne mord pas, et, apprivoisé très-jeune, il peut devenir domestique ; il est même très-joli ; et, sans l'odeur musquée qu'il répand à une certaine époque, il est probable qu'il serait, comme le chat, le familier des habitations humaines.

Au reste, il se construit lui-même une cabane au moyen d'herbes et de terre détrempée, qu'il a soin de pétrir ensemble. Cette demeure, dans laquelle il passe l'hiver, est de forme ronde, et son dôme, qui forme plus de 35 centimètres d'épaisseur, le met à l'abri des inondations du ciel et des neiges ; il pousse même les précautions jusqu'à construire, dans l'intérieur, des gradins sur lesquels il se garantit de l'humidité, lorsque les eaux, séjournant sur la terre, envahissent le terrain de la cabane. A cette époque, il se nourrit des provisions amassées pendant l'été, et qu'il a placées en une sorte de grenier. Quand l'eau s'est retirée, il se creuse des chemins souterrains, dans lesquels il découvre des racines qui aident à soutenir son existence jusqu'au jour où le soleil, venant frapper de ses rayons les glaces qui obstruent les ouvertures de sa retraite, lui rend le jour ou la liberté.

Les chasseurs se servent, pour détruire les ondatras, de l'absence où ils ont été de la lumière ; et ouvrant précipitamment la cabane aux rayons du soleil, il les éblouissent au point de les empêcher de fuir. On ne peut, à cause de l'odeur trop forte qu'elle conserve, se servir de leur peau comme fourrure ; mais leur poil, après avoir subi plusieurs préparations, entre dans la confection des chapeaux.

LE PETIT-GRIS.

Ce petit quadrupède, assez semblable à l'écureuil, est celui duquel nos fourreurs tirent ces jolies garnitures d'hiver, appelées *petit-gris*. Trop vif pour qu'on puisse lui supposer une intelligence très-développée, le petit-gris n'en a pas moins la prévoyante habitude d'établir un magasin d'hiver dans le creux d'un arbre, et d'y rester enfermé lui-même pendant la saison des froids, où il met au jour des petits qui peuvent se passer de lui à l'entrée du printemps.

Le *palmiste* et le *barbaresque*, deux autres espèces qui ont avec le *petit-gris* toutes les ressemblances communes aux individus d'un même genre, partagent aussi les conditions de son instinct, et, comme lui, garnissent de provisions leurs quartiers d'hiver, et semblent calculer avec une précision admirable l'étendue que doivent avoir leurs greniers d'abondance.

LE SARIGUE.

Le sarigue femelle a été donné comme un modèle d'amour maternel, et la nature semble l'avoir créé pour montrer à la mère les devoirs que son titre lui impose, pour inspirer aux enfants la reconnaissance, par l'image de la plus tendre sollicitude. Le sarigue femelle a une poche placée à la partie postérieure et inférieure du ventre ; c'est là que séjournent ses petits, jusqu'à ce qu'ils soient assez forts pour se passer de toute assistance. Rien plus intéressant à observer qu'une sarigue environnée de ses petits, et qu'un bruit sinistre vient épouvanter; elle se dresse sur ses pattes de derrière, et par un cri d'alarme, elle avertit ses petits : les plus forts accourent les premiers, et d'eux-mêmes se précipitent dans la poche de refuge ; elle aide les plus petits à y monter, en les saisissant avec sa gueule ; puis elle se met à fuir aussi vite que lui permet son cher fardeau. Quand on parvient à l'apprivoiser, ce qui est d'ailleurs assez facile, on peut visiter ses petits et les aller prendre jusque dans cette poche. Elle est facile à nourrir et d'un naturel confiant, ce qui la rendrait très-propre à la domesticité, si l'odeur infecte qu'elle répand n'éloignait presque autant que sa laideur du désir de l'élever : son poil, qui n'est ni lisse ni frisé, a toujours l'air sale, et on se figure aisément qu'une gueule fendue jusqu'auprès des yeux, que des oreilles de chouette et une queue de serpent, sont de trop laides parties pour faire un tout agréabble.

Le sarigue femelle et son mâle excellent parmi les animaux chasseurs, par leurs ruses, et le nombre de victimes de leur adresse est bientôt considérable. Ils roulent autour d'une branche d'arbre leur queue longue et *perçante*, et se laissent pendre immobiles jusqu'à ce qu'un petit oiseau approche d'eux : alors ils le saisissent et le mettent à mort sur-le-champ ; c'est avec cette première proie qu'ils obtiennent toutes les autres. En effet, déposant ce petit oiseau en un lieu où il leur est facile d'atteindre, ils laissent les oiseaux carnassiers en approcher, et tombent inopinément au milieu du repas, qui se termine alors par un grand carnage.

C'est au Brésil, dans la Guyane et les Florides, que le sarigue est en grand nombre. Quelques auteurs assurent que les petits d'un sarigue, mis au jour lorsqu'ils sont à peine gros comme une fève ordinaire, restent attachés au mamelon jusqu'à

L'Eléphant .

ce qu'ils soient gros comme une souris, et qu'alors ils se détachent et tombent dans la poche dont nous venons de parler.

L'ÉLÉPHANT.

Chef-d'œuvre d'intelligence, et peut-être après l'homme celui de tous les animaux qui étonne le plus par la perfection de son instinct, l'éléphant, estimé par toute la terre à cause de ses qualités morales, a été divinisé par les Indiens ; ils lui ont élevé des temples, et de nombreux domestiques lui ont servi des mets recherchés dans des vases d'or. Sans imiter les habitants de Siam, sans entourer l'éléphant d'une servile admiration, les Européens l'ont toujours traité avec douceur ; ils respectent la noblesse et la fierté de son caractère : ils ont senti qu'il fallait récompenser par des égards les nombreux services que leur rendait un animal qui sait distinguer le blâme de la louange. L'œil de l'éléphant, plein d'expression et d'une extrême mobilité, interroge les actions de ceux qui l'entourent, et ne se méprend point sur l'intention qui les détermine ; son regard est suppliant quand il se croit coupable, ferme quand il est injustement menacé, terrible dès qu'il croit recevoir une marque de mépris, et caressant lorsqu'on lui procure quelque plaisir, ou lorsqu'on lui présente un enfant, âge dont il semble reconnaître la faiblesse et l'innocence.

Si, comme toutes les observations nous portent à le penser, les facultés intellectuelles se développent d'autant plus que les sens sont eux-mêmes dans un état plus parfait, il n'est point surprenant que l'éléphant possède de si rares qualités ; sa trompe, organe admirable, a le don de s'appliquer exactement sur les corps par son extrémité mobile, et d'exécuter tous les mouvements, soit bornés, soit étendus, dont il éprouve le besoin. Avec cette main, presque l'égale de celle de l'homme, il soulève des fardeaux énormes, et il peut, lorsqu'elle saisit un objet, le retenir en opérant le vide à l'extrémité par une véritable succion ; enfin, toujours au moyen de ce même instrument, il parvient à apprécier les distances, et à corriger les erreurs de la vision. L'odorat de l'éléphant, extrêmement perfectionné, doit contribuer aussi à son jugement ; il est donc peu surprenant que, distingué par tant de qualités, il ait été pris pour symbole de la sagesse et de la prudence.

Avec tant de ressources pour s'élever au milieu des autres animaux en despote, l'éléphant a paru mépriser la tyrannie, et jamais on ne le voit la disputer à l'homme, auquel il se soumet lui-même. Sa soumission n'est cependant pas un esclavage sans conditions, et il force le maître de tous les animaux à des marques de déférence. Il sert avec zèle, avec fidélité, avec intelligence; mais il ne souffre point de mauvais traitements, et quand il est mal récompensé de son dévouement, il rappelle tout son état sauvage, et oublie qu'un jour il s'est laissé dompter. Il n'est plus alors d'autre moyen de se garantir de sa fureur que de le sacrifier, et souvent ce n'est point chose facile. Dans ses transports de colère, il est encore sensible à la voix de celui dont il n'eut qu'à se louer, et sa reconnaissance sauve ses amis de ses emportements. Dernièrement, un éléphant, que l'on montrait à Genève, devint furieux, et cependant une femme à laquelle il appartenait, madame Garnier put l'approcher sans crainte, afin de l'attirer dans un bastion, où on l'immola à la sûreté publique. On raconte qu'un de ces animaux ayant écrasé son cornac dans un moment de colère, la femme de ce malheureux vint dans son désespoir s'offrir à ses coups, et jeter devant lui ses deux enfants, en lui criant qu'*ayant tué le père, il ne devait point épargner les enfants.* Cette action étonna l'animal ; il parut à l'instant même se calmer, saisit le plus âgé des deux enfants, et l'ayant placé sur son dos, il ne voulut jamais avoir d'autre conducteur.

Un soldat de la garnison de Pondichéry, le jour qu'il recevait son prêt, avait l'habitude de porter à un éléphant une mesure d'arack. Un jour qu'il était ivre et poursuivi par la garde, qui voulait le mettre en prison, il se réfugia sous cet animal. En vain la garde essaya de l'arracher de cet asile. Le lendemain, quand le soldat se réveilla, il frémit en se voyant couché sous cette masse énorme qui en s'abattant, pouvait l'écraser, et ne fut rassuré que par les caresses que lui prodigua son reconnaissant protecteur.

Un éléphant, blessé à la bataille d'Hambourg, courait à travers les champs, en poussant des cris affreux, et allait écraser un soldat étendu sur le champ de bataille, qui, dans l'effroi du sort qui lui était réservé, ne trouva de force que pour lever le bras en l'air. L'animal, le saisissant avec sa trompe, le plaça doucement de côté, et continua sa route. Il est facile de dompter l'éléphant, qui consent à fléchir devant l'homme dès qu'il reconnaît sa supériorité.

La chasse de l'éléphant est très-curieuse, et

rarement meurtrière, grâce à l'agilité des chasseurs et aux soins qu'ils prennent d'élever des
pallissades derrière lesquelles cet animal ne saurait les poursuivre.

Parmi les nombreuses relations de chasse que
nous possédons, nous choisirons de préférence, et
comme la plus complète, celle que nous trouvons
consignée dans le second voyage du P. Tachard.

« A peine, dit-il, on était descendu de cheval,
que le roi parut escorté de mandarins, montés
comme lui sur des éléphants de guerre. On suivit,
et on s'enfonça dans l'épaisseur du bois, l'espace
d'une lieue environ, jusqu'à l'enclos où étaient
les éléphants sauvages. C'était un parc carré, dont
les côtés étaient fermés par une grande quantité
de pieux. Dès qu'on fut arrivé, on fit une enceinte
d'environ cent éléphants dressés, qu'on posta autour du parc, pour empêcher les éléphants sauvages de franchir les palissades. On poussa ensuite
dans l'enceinte du parc une douzaine d'éléphants
privés, des plus forts, sur chacun desquels deux
hommes étaient montés, avec de grosses cordes à
nœuds coulants. Ils poursuivaient l'éléphant, que
les palissades et les éléphants de guerre empê-
chaient de fuir, et avec beaucoup d'adresse ils
jetaient leurs nœuds aux endroits où il devait

mettre ses pieds. Lorqu'il était une fois saisi de la sorte, ils le plaçaient entre deux éléphants privés, et l'obligeaient, en l'attachant avec eux, à suivre tous leurs mouvements. Un troisième éléphant sert quelquefois aussi à tirer les plus difficiles, tandis qu'un quatrième, dressé à cet exercice, les pousse par derrière, à coup de défenses. Quand l'éléphant est trop agité, et que l'on craint qu'il ne devienne furieux, on l'arrose avec beaucoup d'eau froide, et ces douches semblent le calmer. On l'attache pendant douze heures, ou plusieurs jours, au pied d'un gros pilier, et il est rare qu'après ce temps d'épreuves, il ne soit pas aussi soumis que ceux qui ont aidé à le priver de sa liberté. »

L'éléphant est courageux, et dans les combats, avant l'invention de l'artillerie, il dépeuplait les rangs : quelquefois encore, au lieu de le lancer au milieu des ennemis, on s'en servait seulement comme un moyen de transport. A l'aide d'un éléphant, on rassemblait plusieurs guerriers dans une même tour du haut de laquelle ils pouvaient espionner les ennemis et les assaillir avec plus d'avantage. Les rois faisaient aussi élever leur siége royal sur un éléphant, et assistaient au combat la couronne sur la tête et le sceptre à la main.

L'éléphant a beaucoup de mémoire; mais c'est peut-être imaginer plus que la réalité que d'admettre que, lorsqu'il a été pris au piége, et qu'il s'est enfui pour retrouver ses bois et sa liberté, il ne marche plus sans sonder le terrain au moyen d'une branche d'arbre.

Cet animal rend, dans les Indes, les mêmes services que les chevaux en France et les mulets en Espagne; il sert à transporter toute espèce de fardeaux : sacs, paquets, tonneaux, il porte tout, et toujours avec adresse. Toutes les parties de son corps sont d'ailleurs propres à ce transfert de marchandises. Les commissionnaires chargent ses défenses, et lui font même porter à sa gueule les plus petits objets. Les éléphants savent disposer les paquets que l'on embarque dans un bateau, de manière à ce qu'ils soient préservés de toute avarie, et même on les a vus aller chercher des pierres avec leur trompe, afin de caler une roue ou un tonneau qu'ils ne pouvaient parvenir à fixer sans ce moyen ingénieux.

La vie de l'éléphant, que quelques naturalistes croient devoir porter jusqu'à trois cents ans, est de cent trente à cent cinquante ans environ. Dans l'état sauvage, il soutient son existence avec l'herbe, qu'il préfère à tout autre aliment : prisonnier de l'homme, il a une table plus splendide. Celui que le roi de Portugal envoya à Louis XIV en 1668, et qui passa treize ans à la ménagerie de Versailles, mangeait tous les jours quarante kilogrammes de pain, douze litres de vin et deux seaux de riz cuit dans l'eau, sans tenir compte de ce que lui donnaient les curieux, pour le récompenser de quelques tours d'adresse. On se récréait surtout à le voir jouer avec une gerbe de blé ; après en avoir mangé les grains, il faisait des poignées de paille, et s'en servait pour chasser les mouches.

Les antipathies, comme les sympathies, pouvant tenir à l'intelligence, il ne nous semble point déplacé de rapporter ici l'aversion de l'éléphant pour le cochon ; il fuit cet animal avec un soin extrème, et l'on attribue à la mauvaise odeur du porc la précipitation avec laquelle il se met à courir, alors même qu'il ne fait qu'entendre son cri.

Enfin, et pour tracer l'histoire complète des qualités et des défauts de cet intéressant animal, nous ajouterons qu'il est sensible à la toilette : plus on le couvre de bandelettes, de plaques et d'ornements en tout genre, plus il est satisfait. On en a même vu quelques-uns, passant du palais d'un prince dans la cabane d'un simple berger, changer tout à fait de caractère, et comme s'ils

Le Tigre.

avaient pu sentir leur mauvaise fortune, concevoir du chagrin et périr de langueur.

L'éléphant est à placer avant le singe, avant le perroquet, même avant le chien, dans la liste des animaux qui ont le plus de rapport avec l'homme.

LE TIGRE.

Le tigre, regardé comme le plus cruel des quadrupèdes, s'apprivoise aussi aisément que le lion. Retenu en captivité, il reconnaît bien ceux qui le nourrissent, et se familiarise avec eux, au point de recevoir leurs caresses avec plaisir, et d'y répondre comme notre chat, en faisant le gros dos. On aurait de la peine alors à reconnaître le terrible animal qui emporte un bœuf dans sa gueule et l'éventre d'un coup de griffe.

LE HAMSTER.

Très-rapproché, par tous ses caractères physiques, du rat d'eau, le hamster n'en diffère que par sa queue, qui est aussi courte que celle de nos rats est longue. Cette dissemblance est même le seul signe qui puisse les faire distinguer l'un de l'autre à la première vue. Ennemi de son espèce, le hamster livre à ses semblables une guerre à mort; et lorsque les philosophes reprochent aux hommes d'être les seuls animaux qui s'entre-détruisent, ceux-ci peuvent se défendre, au moins par un exemple, de ce privilége exclusif de cruauté qui leur est accordé. Le hamster est même plus féroce que l'homme ; car il n'est point rare que dans cette espèce, le mâle dévore sa femelle, si celle-ci ne prend point la sage précaution de lui ôter la vie pour conserver la sienne.

Il est à remarquer que le hamster est peut-être le seul des animaux qui, possédant beaucoup d'instinct, soit dépourvu de tout attachement pour sa compagne et pour ses petits : car ordinairement la nature, sage dispensatrice de ses dons, semble ne les prodiguer qu'aux êtres qui peuvent ajouter à leur éclat par d'autres qualités. Ainsi, l'animal sauvage et carnassier est presque toujours voyageur : il n'a d'asile que le creux du rocher, entr'ouvert par le hasard ; il n'a de moyen de vivre que la force, le vol et la destruction ; il est imprévoyant, et l'absence de proie le livre à toutes les douleurs de la faim : au contraire, l'animal herbivore, doux et facile à apprivoiser, sait se construire des magasins où il met en réserve les provisions de l'hiver ; il donne à ses petits une véritable éducation ; il sert l'homme, mais il sait retirer de son esclavage des avantages précieux pour sa conservation ou pour son existence.

Le hamster est doué de toutes ces facultés, et ne possède aucune de ces vertus. Quand vient l'hiver, il se creuse des chambres à plusieurs pieds au-dessous de la surface du sol, et c'est ordinairement vers la fin d'août qu'il commence ce travail. Il choisit une terre qu'il puisse aisément creuser, et qui cependant ne soit pas argileuse et ne renferme aucune humidité. Des grains toujours choisis et nettoyés avec soin sont les provisions qu'il y dépose. La manière dont il en fait le transport mérite d'être rapportée. Pourvu de deux bajoues, il les remplit d'épis ou de racines tendres, et quand il est arrivé à la chambre qui doit servir de réserve, il les chasse, en pressant extérieurement ses joues avec ses pattes de devant; il est très-adroit d'ailleurs dans l'érection de son habitation : incapable de longues courses, il s'établit dans un pays fertile et abondant en céréales. L'approvisionnement, l'étendue et la disposition des caveaux diffèrent selon l'âge et le sexe : le domicile du mâle, qui habite seul, sauf le temps très-court consacré à la reproduction, a un conduit oblique à l'ouverture duquel est un monceau de terre exhaussé, tandis qu'un autre corridor perpendiculaire fait communiquer le péristyle avec les chambres souterraines. Ces caveaux sont au nombre de deux, trois ou quatre, et disposés en forme de voûte, tant par-dessus que par-dessous : leurs dimensions sont en un rapport constant avec la quantité de provisions. C'est par le trou perpendiculaire que le hamster entre dans son habitation; c'est par le conduit oblique qu'il jette au dehors la terre qu'il enlève au moyen de ses pattes. Chez la femelle, un des caveaux, qui ne contient point une seule graine, est occupé par un nid d'herbe et de paille; chez le mâle, il est rempli par un lit aussi moelleux que bien disposé. Quand on les chasse, et qu'au moyen du pic on pénètre dans leur demeure, on y trouve jusqu'à deux boisseaux de graines par chaque domicile, et ces provisions rapportent presque autant au chasseur que leur peau, dont on fait cependant des fourrures. Les hamsters, devenus très-rares, reparaissent quelquefois tout à coup en quantités considérables, et l'on conçoit, par la dévastation qu'ils font des récoltes, quel tort ils doivent causer aux cultivateurs.

Le hamster passe la moitié de l'hiver dans un état complet d'engourdissement; mais il s'enferme avant l'époque marquée pour sa léthargie, et c'est afin de vivre et jusqu'au sommeil, et au moment où il se réveillera, qu'il entasse dans ses greniers le blé et les racines.

LES GERBOISES.

La plupart des naturalistes ont adopté cette dénomination de *gerboises*, afin de désigner tout une famille d'animaux qui ont les pattes de devant si courtes, par rapport à celles de derrière, qu'ils semblent bipèdes : ils sautent d'ailleurs comme les oiseaux, au lieu de poser une patte l'une devant l'autre. Le *gerbo* , qui sert de type à cette race toute particulière, est encore un de ces animaux approvisionneurs dont nous nous sommes trop longtemps entretenu pour nous y arrêter longuement. Il n'est même remarquable que par son organisation physique. Ses pattes de devant, véritables mains qui lui servent à porter les aliments à sa gueule, ont cinq doigts garnis d'ongles, et sont susceptibles de mouvements très-variés. La description que l'on nous fait de ses formes, dans les recueils d'histoire naturelle, est d'abord très-propre à exciter la curiosité. Assez adroit avec ses mains, il l'est plus encore avec sa queue, qui, longue trois fois environ comme son corps, est terminée par une houppe noire et blanche, et douée d'une extrême mobilité : ses jambes sont nues, et sont, aussi bien que son nez et ses oreilles, d'une couleur de chair très-tendre; le dessus de sa tête et son dos sont couverts d'un poil roussâ-tre assez long, tandis que ses flancs, le dessous de son cou, son ventre et le dedans de ses cuisses, sont blancs. Il a constamment une ceinture noire, qui, prenant naissance près de la queue, lui fait le tour des reins.

LA MANGOUSTE.

Un des protecteurs de l'Égypte, la *mangouste*, est le chat du pays, et ce grand ennemi du croco-dile, que les anciens ont appelé *ichneumon*. Elle détruit les portées de ce tyran du Nil, et s'oppose à sa multiplication, qui sans cela deviendrait bientôt redoutable aux Égyptiens, par le nombre considérable de ses œufs. Elle fait également la guerre aux oiseaux avec une adresse extrême, et aux rats, qu'elle poursuit avec plus d'avidité que le chat lui-même.

Son intelligeance lui fait exécuter deux actes qui sembleraient exiger toute la réflexion de l'es-prit humain : elle sait mesurer sa marche d'après le but vers lequel elle la dirige, et quand elle éprouve l'influence du venin des serpents, qu'elle combat avec autant de courage que de succès, elle va chercher, parmi les plantes, les antidotes les plus précieux, et les emploie à neutraliser la force du poison, afin de retourner au combat. Quant à sa marche, elle varie, comme nous venons de le dire, selon le besoin : quelquefois elle porte la tête haute, raccourcit son corps et s'élève sur ses jambes; d'autres fois, elle a l'air de ramper et de s'allonger comme un serpent; souvent elle s'assied sur ses pieds de derrière, et plus souvent encore, elle s'élance comme un trait sur la proie qu'elle veut saisir.

La mangouste, mâle ou femelle, offre une singularité remarquable dans son organisation : elle porte une poche indépendante des conduits naturels, et de laquelle découle une liqueur odorante. On a prétendu, et nous ne saurions déterminer le degré de croyance que mérite cette assertion, que ce réservoir ne lui sert qu'à se rafraîchir quand l'atmosphère est par trop chaude.

La mangouste s'apprivoise aisément, et se vend dans tous les marchés de l'Asie méridionale, comme les furets dans les marchés d'Europe : elle est même susceptible d'attachement; et M. le président de Robien, qui en portait une habituellement dans son chapeau, racontait des choses merveilleuses de sa fidélité, et faisait à tout le monde l'éloge de sa propreté et de sa gentillesse.

L'ISATIS.

Si l'adive tient le milieu entre le chien et le loup, l'isatis est l'espèce intermédiaire entre le chien et le renard.

L'isatis ne se trouve guère que dans le nord : il habite les endroits les plus froids, les plus montueux de la Norwége, de la Laponie. Il passe cependant le moment le plus rigoureux dans des terriers étroits et profonds, qui offrent plusieurs issues, et qui sont toujours tenus dans la plus grande propreté. C'est dans cette retraite, et sur un lit de mousse soigneusement dressé, que la femelle allaite ses petits, et plus tard leur apporte à manger, ne les laissant s'éloigner d'elle que lorsqu'elle est bien sûre de leurs forces.

L'isatis vit de rats, de lièvres et d'oiseaux, et aussi fin que le renard, il se jette à l'eau, et traverse les lacs pour s'emparer des œufs des canards et des oies : ennemi de tous les animaux plus faibles que lui, ou plus innocents, il redoute à son tour le glouton, seul ennemi qu'il ait dans les lieux où la nature l'a placé.

LE GLOUTON.

L'isatis, sans le vouloir, devient assez souvent le pourvoyeur de cet autre animal : aussi vorace, aussi fin que lui, mais moins habile à la course, le glouton se traine sur ses traces, et, hâtant sa marche pesante, il arrive assez à temps pour lui faire abandonner sa proie, qu'il n'a plus après que le plaisir de dévorer.

Courageux autant que sanguinaire, il règne en lion dans les contrées où il se trouve le plus fort, et ses morsures sont si cruelles, qu'il est peu de chiens qui acceptent la chasse contre lui. Il attaque surtout le castor, et parvient à pénétrer dans sa cabane, n'étant pas assez bon nageur pour le poursuivre dans les eaux. Aussi atteint-il ordinairement ses petits ; car il a soin de n'assiéger les habitations des castors qu'à l'époque où les jeunes castors sont encore trop faibles pour trouver leur salut dans la fuite.

LES SINGES. — LE PONGO.

L'homme n'a pu décrire les individus si nombreux que le globe porte, et à sa surface et dans son sein, sans les rapprocher par masses, seul moyen de les retrouver au besoin, et d'établir une classification sans laquelle il est impossible qu'aucune science existe. Ainsi il a comparé plusieurs individus ensemble, et ceux qui lui ont offert les différences les plus sensibles, les plus grandes singularités, ont servi de type ou de caractère aux classes qu'il voulait former : il a ensuite entouré ces premiers individus de tous les êtres qui avaient avec eux des rapports de forme, d'organisation intime, ou d'habitudes. On conçoit que son œil, inhabile à saisir les admirables combinaisons d'une nature immense, a dù plusieurs fois errer dans ce travail. Les classifications sont donc de notre invention; ce sont des instruments qui aident notre faiblesse, à peine habile à saisir des détails, incapable d'embrasser le grand tout dont nous faisons partie, et obligée de le diviser pour le comprendre; cependant il est dans chacun des règnes quelques familles qu'il serait difficile de ne pas croire rassemblées par la main même du Créateur. Trop de caractères sont communs aux individus qui les composent, pour qu'ils aient été seulement réunis par l'homme; et, à leur égard, la classification devient si naturelle, qu'elle paraît avoir existé bien avant le jour où elle fut publiée par le naturaliste.

Qui ne sera frappé, par exemple, de la ressemblance qui existe entre tous les singes, et des caractères tranchés par lesquels ces animaux se distinguent au milieu de tous les autres ? Mêmes habitudes, même disposition du poil, mêmes mouvements, mêmes défauts; ils sont un peu plus grands les uns que les autres, plus ou moins adroits, plus ou moins vifs; mais ces nuances légères n'empêchent pas que, si demain on en découvrait une nouvelle espèce, elle ne fût aussitôt reconnue pour appartenir au genre, et par les personnes mêmes les moins instruites.

Nous ne citerons pas ici tous les singes qui mériteraient, par leur rare adresse, de prendre place dans la galerie que nous parcourons, et nous ne nous occuperons que de ceux qui offrent au plus haut degré les qualités ou les défauts de l'espèce, afin de ne point tomber dans de continuelles redites.

Le *pongo*, le plus grand de tous les singes, est aussi appelé *orang-outang*, ou homme sauvage.

Le pongo est un animal qui, dans toutes ses proportions, au dire de *Battel*, est semblable à l'homme; qui lui ressemble par la face, qui en a le visage sans poil, et de longs cheveux sur les côtés de la tête; enfin, qui semblerait appartenir à l'espèce humaine, si ses jambes offraient plus de mollet. Il dort sur les arbres, mais plutôt encore dans des huttes qu'il bâtit lui-même, et sous lesquelles il se retire pour se mettre à l'abri du soleil et de la pluie.

Lorsque les nègres font des feux dans les bois, les *pongos* viennent s'y asseoir, et, loin d'avoir à redouter les nègres, ils voyagent parfois avec eux de compagnie : plus forts que dix hommes, ils vont avec courage à la rencontre des éléphants, et c'est avec une sorte d'autorité, qui ressemble un peu à celle avec laquelle nous traitons les animaux plus faibles, qu'ils les chassent de leurs bois à coups de bâton.

Un *pongo* enleva un jour un petit nègre : après dix tentatives qu'il fit dans l'espace de deux mois environ, il parvint enfin à ce rapt, et, allant déposer son élève dans sa hutte, il lui prodigua tous les soins imaginables ; après un an d'habitation avec ce singulier hôte, le petit nègre rapporta qu'il n'avait cessé de lui témoigner l'amitié la plus vraie, la plus éprouvée, et qu'il prenait surtout soin de lui procurer une bonne nourriture.

Notre but, en commençant cet ouvrage, et nous croyons ne pas nous en être écarté, était de consacrer de cours articles à chacun des animaux qui, sans le secours de l'éducation, exécutaient quelque acte qui demandât le secours d'un instinct plus ou moins développé. Nous nous étions imposé la loi de ne point nous occuper de ces combinaisons, en apparence miraculeuses, qui rendent parfois surprenant l'animal domestique, et qui, au reste, ne sont le plus souvent que mécaniques. Nous nous relâcherons de cette grande sévérité ; et comme on peut juger de l'intelligence de l'animal sauvage par le plus ou moins de facilité avec laquelle on parvient à l'instruire, nous placerons ici la description d'un singe fort bien instruit que Buffon eut l'occasion d'observer.

Cet *orang-outang* marchait toujours sur les pieds de derrière, et, comme l'homme, faisait usage de chaises, sachant comme lui s'étendre, se balancer étant assis, ou s'approcher d'une table, et y demeurer avec une parfaite tranquillité. Il présentait sa main pour reconduire les personnes qui étaient venues le visiter, et se promenait gravement avec elles, suivant avec un œil attentif l'expression de la figure de celle qui parlait. Il se servait de la cuiller et de la fourchette, coupait son pain et versait sa boisson dans un verre ; il n'aimait pas les liqueurs fortes autant que le thé : quand à cette infusion, il attendait qu'elle fut faite pour y goûter, et n'oubliait pas de mettre du sucre dans sa tasse. Il ne vécut à Paris qu'une année, et mourut à Londres l'hiver suivant, couché dans un lit, et la tête enveloppée d'un mouchoir que lui-même s'était appliqué.

A bord des vaisseaux qui les amenaient sur le continent, des *orangs-outangs* ont souvent maltraité les mousses qui ne leur servaient pas les choses qu'ils avaient cru demander.

Dans la captivité, ils laissent paraître une grande mélancolie, et, à la mort d'un *pongo*, il n'est pas rare de voir sa femelle refuser toute nourriture, et mourir de chagrin.

A Java, les singes sont de véritables domestiques; ils rincent les verres, tournent la broche, et vont à la fontaine, chargés de seaux qu'ils tiennent avec leurs pattes de devant. Quand ils se sont disputés pour prendre rang, et qu'ils ont vidé leurs seaux en se jetant l'eau qu'ils contenaient sur le corps, ils reviennent à vide, mais ils se cachent, car ils savent bien qu'un fouet de poste est dans la main de leur instituteur, qui, ordinairement n'est autre que le cuisinier et le maître d'hôtel.

LE PITHÈQUE.

Ce singe, plus petit que le précédent, plus doux et beaucoup plus docile, est rempli d'esprit et de malice. « Les pithèques, dit *Marmol*, ont les pieds, les mains et le visage de l'homme; ils vivent d'herbes, de blé, et de toutes sortes de fruits, qu'ils vont en troupe dérober dans les jardins ; mais avant de sortir de leur fort, il y en a un qui monte sur une éminence, d'où il découvre toute la campagne, et quand il ne voit paraître personne, il fait signe aux autres par un cri pour les faire sortir, et ne bouge de son poste tant qu'ils sont dehors ; mais sitôt qu'il voit venir quelqu'un, il jette de grands cris, et, sautant d'arbre en arbre, tous se sauvent dans les montagnes. C'est une chose admirable de les voir fuir, car les femelles portent sur leur dos quatre ou cinq petits, et ne laissent pas avec cela de faire de grands sauts de branche en branche. Quoiqu'ils soient très-rusés, on les prend en grand nombre par diverses inventions, et, pour peu qu'on les flatte, ils s'apprivoisent aisément. Ils font grand tort aux blés et aux fruits, parce qu'ils coupent et jettent à terre tout ce qu'ils rencontrent, de manière qu'ils en perdent beaucoup plus qu'ils n'en mangent et n'en emportent.

Le pithèque est parvenu à prononcer un mot bien articulé, où se trouve le mélange de la voyelle et de la consonne, et qu'on peut rendre par ces deux syllabes : *chin-chin*. Il est digne de remarque qu'il ne le prononce que pour avertir ses pareils d'un événement heureux, comme la découverte d'un sac de graines ; c'est un signal de prospérité auquel toute la colonie accourt. Il le prononce encore à la vue des liqueurs fortes et enivrantes, dont il est très-friand et que les chasseurs lui offrent en appâts : il les boit avec une extrême avidité, et finit par s'endormir; c'est alors qu'on l'attache pour tenter de l'apprivoiser à son réveil.

Le papin ou babouin, autre espèce de singe, ne s'entend pas moins bien que le pithèque à dévaster les jardins. Il convoque une bande de pillards, et chacun prend place sur une file et par échelons, de manière que celui placé à une extrémité, cueille les fruits de l'arbre, et qu'il les fait passer ensuite de main en main jusqu'au dernier qui les dépose dans un lieu secret où ils vont tous partager le butin. Ils sont surtout très-friands de melons, et se les jettent ainsi l'un à l'autre avec une extrême adresse et une célérité incroyable.

LE MACAQUE ET L'AIGRETTE.

Le macaque et l'aigrette, aussi habiles que l'espèce précédente dans la dévastation des jardins, ontsurtout un goût très-prononcé pour les tiges de *milhio*. On a vu ces singes emporter de cetteplante dans leur bouche et sous chacune de leurs pattes de devant, de manière qu'ils étaient obligés de marcher sur les pattes de derrière; aussi, lorsqu'ils sont poursuivis, la course leur devenant difficile, ils abandonnent les pieds de *milhio*, afin de se servir de leurs quatre pattes. Leur délicatesse dans le choix des plantes qu'ils arrachent cause plus de dommage que leurs vols, car ils en rejettent six pieds avant d'en trouver un à leur goût; on leur donne la chasse, et même on les sacrifie à la sûreté des habitations.

LE PATAS OU BANDEAU NOIR.

Le patas, appelé encore *bandeau noir*, à cause d'une ligne de poils noirs qui passe au-dessus de ses yeux et s'étend d'une des oreilles à l'autre est, parmi le genre des singes désignés sous le nom de *guenons*, un des plus intelligents. Voici ce qu'en rapporte *Bruce* dans la relation qu'il a fournie à l'*Histoire générale des Voyages* : « Je les ai vues, « dit-il, descendre du haut des arbres jusqu'à « l'extrémité des branches, pour admirer les bar- « ques à leur passage; elles les considéraient « quelque temps, et, paraissant s'entretenir de ce « qu'elles avaient vu, elles abandonnaient la place « à celles qui arrivaient après; quelques-unes de- « vinrent familières jusqu'à jeter des branches « aux Français, qui leur répondirent à coups de « fusil. Il en tomba quelques-unes; d'autres de-

« meurèrent blessées, et le reste parut plongé dans
« une étrange consternation ; une partie se mit à
« pousser des cris affreux, et une autre à ramas-
« ser des pierres pour les jeter à leurs ennemis ;
« mais, à la fin, s'apercevant que le combat était
« inégal, elles prirent le parti de se retirer. »

L'OUARINE.

Les singes ont avec l'homme les plus grands rapports. Si l'on rapproche les différents faits que chaque espèce de ces animaux a offert à la curiosité, l'ouarine est peut-être un de ceux qui, dans ce cas, fournirait le plus au chapitre composé d'après cette donnée : on verrait ce singe présenter une image remarquable de nos réunions humaines. A certaines époques, au plus épais du bois, les *ouarines* se rassemblent en masse, puis se disposent en cercle autour d'un orateur, qui seul tient la parole, et au milieu d'un très-grand silence, fait parfois d'assez longs discours : ce n'est qu'après que ce président leur a fait un signe de la main, que l'assemblée est dissoute et qu'on se sépare.

Les *ouarines* font plus encore : lorsqu'ils sont chassés, ils secourent celui d'entre eux qui est atteint par le plomb, ils l'environnent et plongent leurs doigts dans la blessure, comme pour en sonder la profondeur, tandis que de plus empressés sont allés chercher des feuilles d'arbre qu'ils insinuent dans la plaie, comme pour arrêter l'afflux du sang.

L'ouarine femelle, qui souvent n'a qu'un petit, le porte, comme les négresses, sur le dos, et lui présente la mamelle en le tenant devant elle et dans ses bras ; elle a aussi l'habitude de le bercer au premier cri. Quand elle porte deux petits, elle n'est pas moins prodigue de soins : l'un est sur son dos pendant la marche, et l'autre sous son bras.

LE MALBROUCK.

Le malbrouck vient compléter le tableau. Il est aussi adroit que les autres espèces à piller les propriétés, et, dirigeant surtout ses déprédations vers les cannes à sucre, il cause aux cultivateurs des pertes plus considérables que la plupart des autres singes. Pendant ses expéditions, il place une sentinelle qui a soin d'avertir, à haute et intelligible voix, la troupe de l'approche de l'ennemi. *Houp ! houp !* est le cri de ralliement et le signal de la retraite. Quand les fruits manquent ou sont trop bien gardés, il se rend sur le bord des eaux, et se sert, pour attraper les crabes, d'un moyen tout à fait ingénieux. Au moment où le coquillage ouvre

ses serres, il y passe sa queue, et fuyant rapidement dès qu'il la sent serrée, il entraîne après lui
sa proie, qu'il arrache ensuite de sa coquille à
l'aide d'un gros caillou. Il est très-avide de la liqueur des noix de coco, et on se sert de ce goût
pour s'emparer de lui : on pratique à cet effet une
petite ouverture à la noix ; il y introduit sa patte,
mais avec tant de peine, que le chasseur, survenant tout à coup, il n'a point le temps de se débarrasser du piége.

Les Brahmans, qui habitent dans une partie de
l'Inde, ont conçu pour les singes un respect qui
met la vie de ces animaux à l'abri de tout danger.
Aussi, ils sont dans ces provinces en nombre considérable, et les marchands de comestibles ont
une peine incroyable à préserver leurs marchandises de ces parasites, que l'opinion publique les
force de recevoir avec quelques ménagements. A
des jours convenus, toutes les terrasses des maisons ont des tables sur lesquelles le millet, le riz
et les cannes à sucre sont déposés pour les singes,
et il importe aux habitants d'être exacts ; car la
moindre négligence les expose à voir leur toiture
découverte par ces hôtes, qui ne laissent pas d'être
incommodes, et qui usent très-librement du droit
de faire des emprunts forcés.

Enfin, dans Amadabad, capitale du Guazrate, sont établis des hôpitaux dans lesquels on reçoit les singes invalides, estropiés, accablés d'âge, et même les singes vagabonds.

LE LAPIN.

La Fontaine, presque aussi grand observateur de la nature que la plupart des naturalistes, et plus philosophe que quelques-uns d'entre eux, a remarqué les mœurs douces du lapin : il en fait un *bon homme*, pour nous servir d'une de ses manières de parler, et *Janot lapin* n'est point chez lui dépourvu de jugement, quoique parfois représenté comme trop confiant et trop crédule ; enfin il est peint dans La Fontaine avec cette vérité qui accompagne une rigoureuse observation.

Le soin que le lapin prend de ses petits, donne déjà d'avance des garanties plus que suffisantes à l'égard de ses mœurs. Prête à mettre bas, la femelle creuse un second terrier en zig-zag, précaution nouvelle que la conservation de sa progéniture semble lui révéler : elle fait plus ; mère tendre et généreuse, elle s'arrache en grande partie les poils qui lui couvrent le ventre, afin d'en faire une espèce de lit pour ses petits. Une fois qu'elle a mis bas, elle ne sort plus, et se nourrit des provisions qu'elle a amassées pour le temps de ses couches. Ce n'est que lorsque ses petits sont assez forts pour se nourrir des herbes qui environnent leur demeure, qu'elle les laisse s'approcher de l'ouverture du terrier : auparavant elle n'en sort point qu'elle n'en ferme l'entrée avec de la terre détrempée dans son urine, et que pour plus de sûreté encore, elle ne couvre ce mur factice d'herbes et de broussailles. Quand les petits deviennent assez forts pour marcher, le père, qui s'est tenu éloigné pendant leur allaitement se charge à son tour de leur éducation : il les lèche tour à tour, les conduit en les prenant entre ses pattes, les soutient et les défend. Alors la femelle lui prodigue mille caresses, comme si elle voulait le payer de ses soins, comme si elle était heureuse du bien que ses enfants reçoivent de leur père.

Un gentilhomme, ami de Buffon, et qui, sans le savoir, concourut pour quelques lignes à l'immortel ouvrage de cet écrivain naturaliste, en lui adressant une longue lettre sur la vie habituelle de ses lapins domestiques, s'exprime en ses termes dans un passage de sa correspondance : « La paternité, chez ces animaux, est très-respectée ; j'en juge ainsi par la grande déférence que mes lapins ont eue pour leur premier père : la famille avait beau s'augmenter, ceux qui devenaient pères, à leur tour, lui étaient toujours subordonnés. Dès qu'ils se battaient, soit pour se disputer la nourriture ou pour tout autre motif, le grand-père, qui entendait du bruit, accourait de toute sa force, et dès qu'on l'apercevait, tout rentrait dans l'ordre, car s'il en attrapait quelques-uns aux prises, il en faisait sur-le-champ un exemple de punition. Une autre preuve de sa domination sur toute sa postérité, c'est que les ayant accoutumés à rentrer tous à un coup de sifflet, lorsque je donnais le signal, je voyais le grand-père se mettre à leur tête, et quoique arrivé le premier, les laisser tous défiler devant lui, et ne rentrer que le dernier... »

Quand on lit toutes ces choses, si l'on se persuade que les historiens du lapin n'ont pas été trop favorablement prévenus à son égard, par un excès de sensibilité, on s'intéresse à cet animal, et on est tenté de l'offrir pour exemple à certaines familles. C'est ainsi que l'étude de l'histoire naturelle, dirigée vers un but purement philosophique, serait souvent féconde en leçons de morale.

LE CERF.

Parmi nos lecteurs, il en est sans doute, qui, sous les arbres majestueux de la forêt de Saint-Germain, auront, au fond d'une trouée, aperçu le cerf se promenant avec majesté dans la solitude qu'il embellit, et suivi par ses biches, auxquelles il semble commander : c'est un prince de la forêt qui parcourt avec dignité son domaine. L'homme aurait dû épargner cet animal, plein de grâce et d'innocence, qui pleure sa mort après avoir courageusement défendu sa vie ; mais l'homme n'a rien de sacré quand son plaisir commande. Il faut, pour chasser le cerf, un appareil nombreux et bruyant, des piqueurs, des meutes tout entières et bien dressées, des chevaux, une attaque bien combinée et bien soutenue : c'est un plaisir de prince.

Ce n'est qu'à cette inimitié que l'homme a portée à tous les animaux, que le cerf doit son intelligence, son industrie enfin, et le peu de mots que nous lui aurons consacrés dans cet ouvrage. Le cerf a l'oreille très-délicate, et de loin il entend le pas des chevaux, et le bruit du chasseur. Alors il paraît se réveiller ; de suite il exécute des marches, des contre-marches, de manière à interrompre la suite des impressions que ses pieds

Le Cerf.

font sur le sable, et à tromper les chiens, à les *rompre*, en terme de vénerie. Lorsqu'il est ainsi parvenu, par plusieurs bonds, à faire de sa trace un inextricable labyrinthe, il s'échappe et va se reposer sous un taillis, jusqu'à ce que les chasseurs découvrent sa retraite ; alors, s'il est près d'un fleuve et que les chiens le poursuivent, il se précipite et le traverse à la nage. Mais, comme le dit l'abbé Delille dans ses *Géorgiques françaises*.

> De la terre infidèle, il s'élance dans l'onde
> Et change d'élément sans changer de destin.

Des chiens nageurs se mettent à sa poursuite. Obligé de défendre sa vie, il devient furieux, et beaucoup de chiens sont frappés, avant lui, de la mort dont ils le menacent.

On assure que les vieux cerfs, lorsqu'ils sont depuis quelque temps poursuivis, se rendent vers la demeure du cerf le plus voisin, et que celui-ci se lance à leur place, entraîne les chasseurs sur ses traces.

Le daim possède les mêmes qualités que le cerf ; mais, d'une existence moins calme, il livre parfois à ses pareils des combats à mort : le motif et le prix de la lutte est le plus souvent un parc. Les daims se divisent alors en deux bandes ; ils se choisissent un chef ou des sous-chefs, dont ils paraissent suivre l'impulsion, et l'affaire s'engage tous les jours jusqu'à ce que l'une des deux bandes ait abandonné à l'autre tous ses avantages, et la jouissance du lieu, cause première du débat.

LE CARACAL.

Cet animal, qui offre beaucoup de points de contact avec notre chat, et dans sa conformation et dans son caractère, est assez commun en Arabie : il fait preuve de tact en accompagnant les bêtes carnassières des contrées qu'il habite ; car, trop faible pour combattre sa proie, il se contente des débris de leur table. Pour mériter en quelque sorte la part des dépouilles que celle-ci ne manquent point de lui laisser, il les chasse devant elles, et, doué d'un odorat très-délicat, il les guide avec une adresse digne en effet de sa récompense. Le caracal est de la taille du renard, et le plus souvent noir. Il a le train de derrière très-musculeux et les oreilles extrêmement aigües et terminées par une mèche de poil.

Il fait encore preuve d'instinct en ne suivant jamais la panthère qui, sanguinaire par nature, le sacrifierait, après s'être rassasiée des victimes qu'il lui aurait fournies. Il a plus de confiance dans le lion ; encore ne se laisse-t-il approcher par ce roi des forêts qu'après que celui-ci a bien dîné. Auparavant il s'élance sur les arbres, et ne s'entend avec lui qu'à une certaine distance. C'est une leçon qu'il offre aux courtisans, qui ne doivent approcher les rois qu'après avoir étudié dans quel état d'esprit se trouvent leurs majestés.

Le caracal, qui, après une lutte opiniâtre, peut mettre à mort un chien de grande taille et des plus vigoureux, n'en est pas moins d'une lâcheté de laquelle le succès même d'un combat ne parvient pas à le guérir. Aussi, lorsqu'on parvient, avec assez de peine d'ailleurs, à l'apprivoiser, on ne peut le faire servir à la chasse qu'en ayant soin de ne l'opposer qu'à des animaux beaucoup plus faibles que lui : autrement il se dégoûte, et même contre son instinct, il refuse de quêter. On ne se sert de lui, dans les Indes, que pour chasser le lièvre et le lapin.

L'ANE.

L'homme ne juge que par analogie ou par contraste, il lui faut un de ces deux guides, une comparaison enfin, ou sans cela il lui devient impossible de se faire une idée juste des choses les plus simples en elles-mêmes. Il faut attribuer à cette imperfection de notre nature le mépris que nous faisons de l'âne, parce que nous le comparons au cheval, et qu'oubliant qu'il est âne et qu'il possède comme tel toutes les qualités de son espèce, nous nous obstinons à lui demander la figure et les grâces du cheval, toutes choses qui manquent, et qu'il ne doit point avoir.

Buffon, Pluche et Sterne, tous trois observateurs et tous trois philosophes, sont les seuls écrivains qui aient rendu à cet animal la justice qui lui est due : nous aussi, nous lui accorderons un grain d'encens, dédommagement bien faible en comparaison des mépris dont il est tous les jours accablé. Nous l'aurons au moins placé parmi les êtres les plus intelligents du règne animal, et nous aurons transcrit quelques passages des auteurs que nous venons de citer, passages dans lesquels l'âne est vengé des injures attachées de tous temps à son nom.

« L'âne, dit Buffon, est de son naturel aussi humble, aussi patient, aussi tranquille, que le cheval est fier, ardent et impétueux ; il souffre avec constance, et peut-être avec courage, les châtiments et les coups ; il est sobre, et sur la quantité et sur la qualité de la nourriture ; il se contente des herbes les plus dures, les plus désagréables, que le cheval et les autres animaux lui laissent et dédaignent ; il est fort délicat sur l'eau ; il ne veut boire que de la plus claire, et aux ruisseaux qui lui sont connus : comme on ne prend point la peine de l'étriller, il se roule sur le gazon, sur les chardons, sur la fougère, et semble par là reprocher à son maître le peu de soin que l'on prend de lui ; car il ne se vautre point, comme le cheval, dans la fange et dans l'eau ; il craint même de se mouiller les pieds, et se détourne pour éviter la boue ; il est susceptible d'éducation, et on en a d'assez bien dressés pour faire curiosité de spectacle. »

Par ce portrait, qui certes n'est pas flatté, on est conduit à s'intéresser à cet animal, dont le nom est presque toujours employé comme une offense ; on est étonné que le vulgaire n'ait point vu comme le naturaliste, et l'on se réconcilie avec le plus utile de nos animaux domestiques.

Pluche n'est pas moins prodigue d'éloges : il s'élève contre cette injustice qui repousse l'âne comme un animal disgracié ; il veut la réparer.

« Tout le monde, dit-il, abandonne l'âne, je le veux prendre sous ma protection. Vu d'une certaine façon, cet animal me plaît, et j'espère vous montrer que, bien loin d'avoir besoin d'indulgence ou d'apologie, il peut être l'objet d'un éloge raisonnable.

« L'âne, je l'avoue, n'a pas les qualités brillantes, mais il a les bonnes. Si l'on s'adresse à d'autres animaux pour les services distingués, celui-ci
fournit au moins les plus nécessaires. Il n'a pas
la voix tout à fait belle, ni l'air noble, ni les manières fort vives ; mais une belle voix est un mérite bien mince parmi les gens solides. L'air noble
est remplacé chez lui par une douce et modeste
contenance. Au lieu de ses manières si turbulentes
et si régulières du cheval, qui incommodent souvent
plus qu'elles ne plaisent, l'âne a une façon d'agir
toute naïve et toute simple. Point d'air rengorgé,
point de suffisance ; il va uniment son chemin ; il
ne va pas bien vite, mais il va de suite et longtemps. Il achève sa besogne sans bruit ; il vous
rend ses services avec persévérance, et, ce qui est
un grand point dans un domestique, il ne les fait
point valoir. Nul apprêt pour son repas ; le premier
chardon en fait l'affaire ; il ne se croit rien dû ; on
ne le voit jamais ni dégoûté, ni mécontent. Tout ce
qu'on lui donne est bien reçu. Il goûte très-bien les
meilleures choses, et se contente honnêtement des
plus mauvaises. Si on l'oublie et qu'on l'attache
un peu loin de l'herbe, il prie son maître, le plus
pathétiquement qu'il lui est possible, de pourvoir
à ses besoins, bien est-il juste qu'il vive : il y emploie toute sa rhétorique. Sa harangue faite, il

attend patiemment l'arrivée d'un peu de son ou de quelques feuillages inutiles. A peine a-t-il achevé son repas à la hâte, qu'il reprend sa charge et se remet en marche, sans réplique ni murmure. Voilà certainement des manières estimables. Voyons à quoi il est employé.

« Ses occupations se ressentent de la bassesse des gens qui la mettent en œuvre; mais les jugements qu'on porte de l'âne et du maître sont également injustes. Le travail du juge, de l'homme d'affaire et du financier, a un air plus important : leur habit en impose. Au contraire, le travail du paysan a un air bas et méprisable, parce que son habit est pauvre et son état méprisé; mais réellement nous prenons le change. C'est le travail du paysan qui est le plus estimable et le seul nécessaire; que nous importe que le financier soit doré depuis la tête jusqu'aux pieds? Ce n'est pas pour notre avantage qu'il travaille. J'avoue qu'on ne se peut guère passer de juges et d'avocats, mais ce sont nos sottises qui les rendent nécessaires. Il n'en faudra plus quand nous serons raisonnables, au lieu que nous ne pouvons en aucune sorte, ni dans aucune condition, nous passer du paysan et de l'artisan. C'est d'eux que nous tirons de quoi remplir à chaque instant quelqu'un de nos besoins;

nos maisons, nos habits, nos meubles, notre nourriture, tout vient d'eux. Or, où en seraient réduits les vignerons, les jardiniers, les maçons et la plupart des gens de campagne, c'est-à-dire les deux tiers des hommes, s'il leur fallait d'autres hommes ou des chevaux pour le transport de leurs marchandises et des matières qu'ils emploient! L'âne est sans cesse à leur secours; il porte le fruit, les herbages, les peaux de bête, le charbon, le bois, la tuile, la brique, le plâtre, la chaux, la paille et le fumier; tout ce qu'il y a de plus abject de son lot ordinaire. C'est un grand avantage pour cette multitude d'ouvriers et pour nous, de trouver un animal doux, vigoureux et infatigable, qui, sans frais et sans orgueil, remplit nos villages et nos villes de toutes sortes de commodités. Une autre comparaison achèvera de vous faire mieux sentir l'utilité de ses services, et de les tirer en quelque sorte de leur obscurité.

« Le cheval ressemble assez à ces nations qui aiment le brillant et le fracas, qui sautent et dansent toujours, qui s'occupent beaucoup des dehors, et qui mettent de l'enjouement partout. Elles sont admirables dans les occasions distinguées et décisives; mais souvent leur feu dégénère en fougue; elles s'emportent, elles s'épuisent et perdent leurs plus beaux avantages, faute de ménagement et de modération.

« L'âne, au contraire, ressemble à ces peuples naturellement épais et pacifiques, qui connaissent leur labourage ou leur commerce, et rien de plus, vont leur train sans distraction, et achèvent d'un air sérieux et opiniâtre ce qu'ils ont une fois entrepris. »

Après ces panégyriques, on conçoit comment Sterne a pu consacrer à l'âne tout un chapitre de son *Voyage sentimental* : rien de plus naturel au reste que la conversation qui s'établit entre lui et l'âne de son laitier.

« Je recevais, dit-il, le dernier adieu de M. Leblanc, quand me voilà arrêté à la porte : c'était par un pauvre âne qui y entrait, avec une couple de larges paniers sur le dos, pour quêter humblement des têtes de navets et des feuilles de choux.

« Non, c'est un animal que je ne battrai jamais, fussé-je de la plus mauvaise humeur du monde : la patience et la résignation dans les souffrances sont si affectueusement écrites dans ses regards et dans son maintien, son humilité plaide si fort pour lui, qu'il me désarme au point que je ne sais pas même lui parler incivilement. Soit que je le rencontre à la ville ou à la campagne, à la charette ou sous le faix, en liberté ou dans l'esclavage, j'ai toujours quelque chose d'honnête à lui dire; et, comme un mot en engendre un autre, pour peu qu'il n'ait pas plus à faire que moi, je commence avec lui une conversation suivie.

« En vérité, de tous les êtres qui sont au-dessous de moi, il est le seul avec lequel je converse; car, pour les perroquets, les geais et les singes, je ne sais pas échanger avec eux la moindre idée : ils agissent comme les autres parlent, par routine, et je leur parlerais, que je ne serais point compris.

« Mon chien même et mon chat, quoique je les estime fort tous deux, et que mon chien parlât, s'il le pouvait, ne possèdent pas les charmes de la conversation. Je ne puis la pousser avec eux au delà de la proposition, la réponse et la réplique.

« Mais, avec un âne, je parlerais toujours.

« Viens, honnêteté, lui dis-je, en voyant que je ne pouvais passer entre la porte et lui. Entres-tu, mon ami, ou sors-tu? — L'âne tourna tristement la tête, et regarda dans la rue. — Bon, répliquai-je, nous attendrons une minute ton conducteur! — Il retourna tristement sa tête du côté opposé. — Je t'entends parfaitement : si tu faisais une fausse démarche, il t'assommerait de coups. — Il

mangeait une tige d'artichaut, et la nature com-
battant chez lui contre la faim et l'amertume de ce
mets, il la laissa tomber six fois, et six fois la reprit. — Que Dieu t'aide, pauvre animal !.... Ton
déjeuner est bien amer, tes jours le sont bien autant; les coups que l'on te donne pour tes gages
le sont encore plus : tout, oui, tout ce qui est vie
pour les autres est amertume pour toi. — Il regar-
dait l'artichaut qu'il avait laissé tomber pour la dernière fois. — Et tu n'as pas un ami dans le monde
qui te donnât un macaron ? Je sortis de ma poche
le sac qui contenait ceux que j'avais achetés, et je
lui en donnai un. Quand il eut achevé de le manger, je le pressai d'entrer. Il était pesamment
chargé; ses jambes tremblaient sous lui; il aimait
mieux s'en aller; et comme je le prenais par le
licol, il me resta aux doigts. Alors il me regarda
d'un air triste et soumis... — Ne m'en frappez pas,
ne m'en battez pas, me disait-il; mais si vous vou-
lez faire, vous le pouvez. — Si je le fais, m'écriai-
je, que je sois damné. »

Il y a dans ce dialogue autre chose que de l'ori-
ginalité, et l'homme le plus froid, tout en remar-
quant l'exagération qui y règne, ne pourra s'empêcher d'être ému.

DES OISEAUX

Sans tenir compte, dans ces notions préliminaires, de la différence qui existe entre les oiseaux, par rapport à leurs aliments, nous ne chercherons, comme nous l'avons fait dans notre avant-propos sur les quadrupèdes, qu'à rassembler quelques idées exactes sur l'état des sens chez l'oiseau, et, par conséquent, sur les moyens qu'il a de mettre en jeu son industrie, son intelligence : c'est le seul moyen de rattacher ces chapitres au corps de l'ouvrage par un lien commun.

La classe des oiseaux devrait être la plus industrieuse de toutes celles du règne animal; c'est en effet la plus favorisée ; et si quelques insectes semblent aussi privilégiés par le Créateur que les oiseaux qui le sont le plus, il faut considérer que leur organisation générale est beaucoup plus faible et que leur vie est beaucoup plus exposée : ainsi, l'oiseau restera, après l'homme, l'enfant gâté de la nature.

Sa vue est servie par des yeux d'une grande dimension, protégés par une paupière mobile, et assez forte pour les garantir des corps qu'il rencontre dans l'air ; des nerfs optiques [1], aussi délicats qu'ils sont actifs, reçoivent les impressions des corps à de très-grandes distances, et les communiquent au cerveau avec une netteté et une précision admirables. Le pigeon découvre de très-loin le clocher du village où il fut élevé, et de son aile rapide il rejoint son berceau : on voit aussi des oiseaux de proie planer à une hauteur très-élevée au-dessus de leur victime, puis tomber en ligne droite, mais après avoir pris leurs dimensions avec tant de justesse, que, sous leurs ailes ils arrêtent l'animal qu'ils convoitaient à travers un espace de plusieurs toises. L'oiseau sait mieux apprécier les distances que le quadrupède, et c'est à la force, à l'acuité de ses yeux, qu'il en est redevable.

Le sens de l'odorat est beaucoup moins développé chez les oiseaux que celui de la vue ; il en est de même qui n'ont pas d'ouverture extérieure

---

[1] Nerfs, qui frappés par la forme et la couleur des corps, en communiquent une fidèle image au cerveau.

ANIMAUX INDUSTRIEUX.

6

pour recevoir les particules odorantes qui s'échappent des corps; et, bien qu'on ait vanté l'odorat du vautour, du corbeau, ils sont de ce côté bien inférieurs au renard et au chien. En revanche, l'oiseau possède l'ouïe plus développée que le quadrupède : on en sera convaincu dès qu'on se rappellera avec quelle incroyable facilité il retient les sons qu'il n'entend prononcer qu'une seule fois, avec quel souvenir exact il les répète; on voit combien il est sûr de son oreille, par le plaisir qu'il prend continuellement à chanter. Il chante le réveil du printemps : il chante ses combats, ses joies, ses triomphes. Le rossignol charme le bocage, et, ce qui est à remarquer, c'est qu'il lui est plus facile qu'à l'homme de remplir de sa voix une étendue donnée de terrain, et cependant quelle différence entre ses poumons et ceux de l'homme, entre l'exiguïté de son gosier, et la capacité du nôtre! Mais ce gosier, s'il est plus petit, est en revanche plus sonore. En général, la nature a accordé aux oiseaux une voix très-forte, en raison du peu de volume de leur corps.

Les ailes des oiseaux sont mises en jeu et soutenues dans leur extension par des muscles d'une grande force, et qui peuvent ou agir avec une vitesse extrême de mouvements, ou maintenir l'aile étendue et immobile, ce qui aide l'animal à planer. Plus les ailes et la queue sont longues, et plus on conçoit que le vol doit être facile ; et, par la raison contraire, plus le corps a de volume comparativement aux dimensions des ailes et de la queue, plus le vol sera lourd et pénible.

Il est plusieurs actes que le quadrupède ne peut exécuter que dans un état de repos, que dans une sorte de contrainte de tout son corps, et que l'oiseau remplit avec une extrême aisance au milieu de l'air, et dans le moment même où il trace les courbes les plus brillantes, où il entortille les tourbillons les plus rapides : il chasse et chante en volant.

L'homme est moins puissant par rapport aux oiseaux que par rapport aux quadrupèdes, il a plus de peine et presque une impossibilité insurmontable à se mettre en relation avec eux. Il n'y a pas, à bien dire, d'oiseaux domestiques, dans l'acception rigoureuse de ce mot : ce sont des oiseaux prisonniers qui peuplent nos basses-cours, qui habitent nos salons. Le serin, le plus privé de tous, répète les chants que nous lui apprenons sans avoir l'air de les comprendre ; et c'est moins pour nous prouver sa reconnaissance ou son attachement qu'il chante, que très-machinalement ou

pour charmer son ennui. Le chien aboie diffé-
remment dans des situations diverses; il nous
parle : l'oiseau a un cri monotone, et qui ne devient un peu significatif que dans une grande
frayeur; alors il est criard.

L'action de l'homme sur les oiseaux n'est remarquable qu'en ce que leur servitude semble
altérer la couleur de leur plumage, et que les espèces sauvages sont toujours couvertes de robes
plus brillantes que celles que nous avons appri-
voisées; ainsi, bien loin de gagner, nous perdons
quelque chose par cette influence.

Nous avons déjà vu par quels ressorts puissants
les ailes étaient mises en mouvement, et on ne sera
que médiocrement étonné de voir rapportées ici
quelques citations que Buffon a faites comme
preuve de la promptitude avec laquelle l'oiseau
traverse des espaces immenses.

« Le chameau, dit Buffon, peut faire trois cents
lieues en huit jours; le cheval élevé pour la course,
et choisi parmi les plus légers et les plus vigoureux, pourra faire une lieue en six ou sept minutes, mais bientôt sa vitesse se ralentit, et il
serait incapable de fournir une carrière un peu
longue, s'il l'avait entreprise avec cette rapidité.
Un Anglais fit en onze heures trente-deux mi-

nutes, soixante-douze lieues, en changeant vingt-
une fois de cheval : or, la vitesse des oiseaux
est bien plus grande; car en moins de trois minutes, on perd de vue un gros oiseau, un milan
qui s'éloigne, un aigle qui s'élève, et cela suppose que ces oiseaux parcourent plus de sept cent
cinquante toises par minute, ce qui fait vingt
lieues dans une heure, et deux cents lieues en
dix heures de vol. M. Adanson a vu et tenu, au
Sénégal, des hirondelles arrivées le 9 octobre,
c'est-à-dire huit ou neuf jours après leur départ
d'Europe. On connait l'histoire du faucon de
Henri II, qui s'était emporté après une *canepetière*,
à Fontainebleau, fut pris le lendemain à Malte,
et reconnu à l'anneau qu'il portait : on peut, je
crois, conclure de la combinaison de tous ces
faits, qu'un oiseau de haut vol peut parcourir chaque jour quatre ou cinq fois plus de chemin que
le quadrupède le plus agile. »

Si nous rassemblons sous un seul point de vue
tout ce que nous venons de dire, nous trouverons
que l'oiseau n'a d'idées qu'en raison des objets
qu'il aperçoit, et que son œil est la cause de presque toutes ses sensations, et, par conséquent, de
presque tous ses mouvements; qu'il porte dans son
cerveau une carte géographique très-fidèle des lieux

qu'il a parcourus, et que cette certitude de suivre une route connue et fixe peut entrer parmi les causes déterminantes de ses émigrations et de ses fréquentes promenades ; qu'il monte l'organe de sa voix comme un instrument, et le modifie plutôt d'après les sensations que son oreille a éprouvées, que d'après ses sensations intérieures, surtout quand il est réduit à l'état de domesticité ; enfin, que pouvant, par la vélocité de son vol, se soustraire à la main de l'homme, il a dû en général conserver des habitudes sauvages.

L'AIGLE.

Le grand aigle est digne de la prééminence qu'il a sur les oiseaux par la force ; il la justifie par les qualités les plus brillantes. Il donne aux oiseaux, sur lesquels il semble régner, l'exemple du courage, de la noblesse et de la tempérance. Courageux, il sait se mesurer avec les ennemis les plus forts, et sa magnanimité le porte, comme le lion, à dédaigner des adversaires qui ne peuvent, sans une mort certaine, s'exposer à ses coups ; noble, il regarde le soleil d'un œil fixe, et ne peut endurer la servitude, sous quelque forme qu'on la lui présente. Tempérant, il ne se repaît point des victimes qu'il a immolées, et les animaux voisins de sa demeure vivent des produits de ses chasses.

L'aigle, roi des habitants de l'air, donne encore à son peuple l'exemple non moins grand de l'attachement conjugal et de l'amour paternel; assidu auprès de sa compagne, il semble prévoir de loin l'époque à laquelle elle déposera ses œufs, et il lui construit un nid vaste et assez solide pour lui servir toute sa vie : c'est entre deux rochers qu'il place ordinairement les pièces de bois qui servent de point d'appui au plancher ou *aire* qui doit le recevoir, lui et sa famille. Des perches, des bâtons de un mètre soixante-cinq centimètres ou deux mètres de longueur, s'entrelacent sur ces soliveaux au moyen de branches souples, et, recouverts de plusieurs couches de joncs et de bruyère, ils forment un parquet assez solide pour recevoir l'aigle, tous les siens, et même encore une quantité assez considérable de vivres. C'est au milieu de cette aire que l'aigle femelle dépose ses œufs, et alors elle devient pour le mâle l'objet de la plus vive sollicitude : il serait dangereux de l'attaquer dans ce moment, et peu de chasseurs de nids pourraient se flatter d'avoir été enlever les siens. La colère de l'aigle est terrible quand il défend son aiglon, et la nature lui a donné la force, comme à la fauvette la ruse, afin que tous deux se sacrifiassent pour leurs petits.

Ces travaux de l'aigle-architecte étonneront moins quand on saura que jamais cet oiseau n'enlève une proie qu'il n'essaie auparavant quel peut en être le poids, et qu'après l'avoir ainsi enlevée de terre une première fois, il ne l'y dépose, afin de calculer en même temps sa pesanteur, la longueur du chemin qu'il lui faut faire, et ses forces. Par un effet de cette même intelligence, il choisit de préférence, en disposant les premiers bâtons de son *aire*, l'endroit où le rocher offre une partie avancée, qui, en protégeant son lit contre les accidents et les tempêtes, lui sert en même temps de toiture.

LE PYGARGUE.

Le *pygargue* a beaucoup de rapport avec l'aigle; mais ils est plus facile à apprivoiser : il ne craint pas autant le contact des hommes, et c'est toujours auprès des habitations qu'il établit son domicile : son aire, moins solidement construite que celle de l'aigle, n'est abritée que par le feuillage, et composée de plusieurs lits, faits alternativement de bruyères et d'autres herbes. C'est dans chacune de ces cellules qu'il établit un de ses petits; il a pour tous un égal dévouement, et, après leur avoir donné ses soins, il les emmène à la chasse : lors de la plus petite querelle survenue entre eux, il les oblige à s'éloigner, mais après s'être assuré qu'ils sont assez forts pour se passer de tout secours.

LE CONDOR.

Ce vautour, qui, par sa force et par son industrie à construire son nid, est devenu un objet de curiosité pour les voyageurs, le *condor* est l'effroi des paysans de l'Allemagne. Ils vont dans les églises, où sont ses dépouilles, raconter les vols qu'il leur a faits; et il n'est pas rare de les entendre regretter plusieurs moutons et même plusieurs veaux. Le condor a des jambes aussi fortes que celles du lion, et huit mètres d'envergure, les ailes étendues; il construit son nid sur les arbres; mais il a besoin qu'il soit de très-grande dimension, et, afin de le rendre plus étendu, il choisit plusieurs arbres assez peu distants les uns des autres. C'est en unissant leurs branches ensemble, en posant sur chaque tronc les bouts des perches dont il a fait magasin, qu'il parvient à achever un nid sous lequel tout un chariot remisé serait à l'abri des pluies même les plus abondantes. On ne sait, lorsqu'on examine avec attention le nid du condor, ce que l'on doit le plus admirer des dimensions, de l'adresse ou de la solidité du travail.

LE SOLITAIRE.

Les soins que prennent la plupart des oiseaux de construire leurs nids, et l'incubation nécessaire au développement de leurs petits, sont autant de conditions de leur existence, qu'ils ne sauraient remplir sans être bientôt conduits, envers leur progéniture, à un véritable attachement. Aussi voyons-nous beaucoup d'entre eux se sacrifier pour sauver la vie à leur couvée, et d'autres, dans un accès de délire, tuer toute leur lignée, lorsqu'il leur est arrivé, par accident, d'étouffer un de ces petits, que la mère réchauffe de ses ailes, et auxquels le père apporte si assidûment et le duvet le plus soyeux, et les aliments les plus délicats.

Le solitaire est, parmi les oiseaux, un de ces modèles de vertus domestiques dont nous faisons ici l'éloge. Pendant tout le temps de l'incubation et même de l'éducation, il ne souffre aucun oiseau, à deux cents pas à la ronde, fût-il de son espèce. Il cherche les lieux écartés, afin que son nid, composé avec beaucoup d'art de feuilles de palmier, ne soit exposé à aucun danger. Le mâle partage avec la femelle la fonction de couver. Cette opération est de sept semaines environ, après quoi il faut encore, pendant plusieurs mois, qu'ils pourvoient à tous les besoins du jeune solitaire. Quand l'éducation de celui-ci est achevée, le père et la mère n'en restent pas moins attachés l'un à l'autre : au milieu des réunions les plus nombreuses des oiseaux de leur espèce, et comme si les soins qu'ils ont partagés leur étaient devenus un lien, ils restent fidèles et toujours unis jusqu'à une nouvelle ponte.

Le solitaire mâle, avec l'aileron, exécute une espèce de moulinet qui, pendant quelques minutes, produit un bruit semblable à celui d'une crécelle. C'est ainsi, dit-on, qu'il appelle sa compagne, dès qu'il commence à s'inquiéter de sa trop longue absence.

LE TOUYOU.

Le *touyou* est ainsi nommé à cause de son cri, qui semble la prononciation continuelle de ces deux syllabes. C'est un genre très-voisin de l'autruche : on trouve le touyou sur la côte qui borde le détroit de Magellan, au septentrion. Les plus vieux ont jusqu'à deux mètres de haut : leur tête a la plus grande ressemblance avec celle de l'autruche ; et comme elle, élevés sur de très-hautes cuisses, ils ne peuvent voler, et ne se servent de leurs ailes que pour prendre leur élan. Il est vrai qu'alors ils courent avec une rapidité que rien n'égale, et rappellent à la mémoire ce vers heureux de l'un de nos poètes :

Même quand l'oiseau marche, on sent qu'il a des ailes.

Le touyou, lorsqu'il couve, a soin de laisser deux œufs de la couvée hors du nid, et exposé à l'impression de l'air : ces deux œufs sont gâtés lorsque les petits sont près d'éclore; alors le touyou en casse un avec son bec, de manière à ce qu'il attire en grandes quantités les mouches et les scarabées, qui lui servent à nourrir ses petits, il réserve toujours le second œuf, et ne l'emploie au même usage que lorsque le premier, entièrement détruit, n'offre plus aux insectes un appât suffisant. Certes, voilà de la prévoyance, une combinaison bien suivie; et l'instinct avec autant de perfection laisse loin derrière lui l'esprit faible et grossier de quelques hommes, qui, au milieu des distractions du jour, oublient les besoins du lendemain.

LE MERLE SOLITAIRE.

Moins folâtre que la tourterelle, le merle solitaire est aussi constant dans sa tendresse : il est

pour sa compagne un tendre époux, plein d'attention et de dévouement.

Quand la saison des pontes est arrivée, les
merles se rassemblent par couples, et chaque
ménage va prendre possession du comble d'un
vieux clocher, ou d'une cheminée depuis longtemps hors d'usage, quelquefois aussi de la cime
d'un grand arbre.

Lorsque la femelle couve, le mâle perché devant elle, occupé d'elle, et s'efforçant de charmer
les ennuis qu'elle éprouve, commence un chant
continuel : son ramage est pathétique, un peu
triste peut-être, mais doux et flûté; et cependant
il lui semble qu'il manque d'expression et qu'il
rend mal encore tout ce qu'il sent. Aussi, pour
ajouter par le geste ce qu'il ne peut rendre par ses
accords, il s'élève dans l'air, plane un instant,
puis tout à coup agite les ailes, déploie les plumes
de sa queue, relève celles de sa tête, et décrit
ainsi plusieurs cercles dont sa femelle chérie est
le centre unique. C'est auprès de lui, et comme
vers un protecteur, que vient se réfugier la femelle
lorsqu'elle est effrayée par le moindre bruit, ou
par l'arrivée subite d'un oiseau plus fort qu'elle.

Quand les petits sont éclos, le mâle cesse de
chanter, mais il aide la femelle dans leur éduca-

tion ; et lui-même leur porte la becquée. Ces petits, enlevés de bonne heure, ont une grande souplesse dans les moyens, et on parvient sans peine à les dresser à quelque exercice, et à les faire parler ou chanter. Les habitudes singulières de cet oiseau, et sa voix, aussi douce que variée, l'ont rendu, dans quelques contrées, un objet de vénération. On y souffrirait impatiemment qu'on y troublât sa ponte, et sa mort serait regardée comme un fâcheux augure.

LE LORIOT.

Le loriot fait son nid sur les arbres les plus élevés, et cependant à une hauteur médiocre : il le façonne avec une singulière industrie, et l'attache ordinairement dans l'angle ou la bifurcation que forment deux rameaux. C'est avec de longs brins de chanvre ou de paille qu'il l'établit : de ces brins, les uns passent à l'entour du nid, et vont par devant grossir un cordon attaché par chacun de ses bouts aux deux branches : ce lien, qui vient se perdre dans la couche extérieur du nid, le préserve de toute chute.

Le matelas intérieur, destiné à recevoir les œufs, est un tissu de petites tiges de *gramen*, dont

les épis sont ramenés en dehors, mais si artistement, que plus d'un connaisseur a pris pour des
fibres de racines ces petites tiges, et n'a été convaincu de son erreur qu'après avoir fait la dissec-
tion du nid. Enfin, entre le matelas et le nid, le
loriot dépose une quantité assez considérable de
lichen, de mousse et d'autres matières qui, en
rendant le nid plus mollet en dedans, le rendent
plus ferme en dehors.

C'est dans ce lit ainsi préparé que la mère met
bas quatre ou cinq œufs, qu'elle couve avec une
assiduité extrème, et qui, une fois éclos, deviennent le but de sacrifices plus grands encore. Le
père et la mère ne quittent les petits que lorsqu'ils
savent chasser eux-mêmes : ils les protégent, les
défendent, on les a vus tuer, à cause de l'opiniâtreté avec laquelle ils frappent de leur bec, celui
qui leur ravit leur lignée ; quelquefois la mère ne
veut point quitter le nid, et, enlevée avec lui, elle
entre en cage pour y mourir de chagrin, mais
toujours sur ses œufs.

Le loriot est à peu près de la grosseur du merle.
Il a vingt-sept centimètres de longueur, sa queue
est de quatre-vingt-quinze millimètres, et son bec
de trente-deux millimètres. Le mâle est d'un beau
jaune sur tout le corps, sur le cou et la tète, à

l'exception d'un trait noir qui va de l'œil à l'angle de l'ouverture du bec : les ailes et la queue sont moitié jaunes, moitié noires.

Le loriot est très-commun au Bengale et en Chine ; dans nos pays, sa robe est formée par des couleurs un peu moins vives : dans quelque climat qu'on le rencontre, il n'est point facile à élever ni à apprivoiser.

L'ALOUETTE.

Nous ne donnerons aucun détail de description sur l'alouette ; cet oiseau, qui se trouve dans tous les pays habités des deux continents, est trop connu pour qu'il soit nécessaire d'en parler sous ce point de vue à nos lecteurs.

Nous n'avons eu pour but, en nous occupant ici de l'alouette, que de la ranger parmi les oiseaux qui ont pour leurs petits une sollicitude toute maternelle, et de consigner dans cette galerie, sous ce titre, un fait observé par Buffon, et qui la rend intéressante.

« L'instinct qui porte les alouettes femelles à élever et à soigner une couvée se déclare quelquefois de très-bonne heure, et même avant celui qui les dispose à devenir mères, et qui, dans l'ordre de la nature, devrait, ce semble, précéder. On m'avait apporté, dans le mois de mai (c'est Buffon qui parle), une jeune alouette qui ne mangeait pas encore seule ; je la fis élever, et elle était à peine sevrée lorqu'on m'apporta, d'un autre endroit, une couvée de trois ou quatre petits de la même espèce. Elle se prit d'une affection singulière pour ces nouveaux venus, qui n'étaient pas beaucoup plus jeunes qu'elle ; elle les soignait nuit et jour, les réchauffait sous ses ailes, leur portait la nourriture avec le bec ; rien n'était capable de la détourner de ses intéressantes fonctions : si on l'arrachait de dessus ces petits, elle revolait à eux dès qu'elle était libre, sans jamais songer à prendre sa volée, comme elle l'aurait pu cent fois. Son affection ne faisant que croître, elle en oublia le boire et le manger ; elle ne vivait plus que de la becquée qu'on lui donnait en même temps qu'à ses petits adoptifs, et elle mourut enfin, consumée par cette espèce de passion maternelle. Aucun de ces petits ne lui survécut ; ils moururent tous les uns après les autres, tant ses soins leur étaient devenus nécessaires, tant ces mêmes soins étaient non-seulement affectionnés, mais bien entendus. »

L'OISEAU-MOUCHE.

Le plus petit de tous les oiseaux, l'oiseau-mouche, n'en est pas moins industrieux : il construit un nid, chef-d'œuvre d'élégance et de délicatesse. Ce berceau de ses petits a la consistance d'une peau douce et épaisse, étant formé d'un coton fin et d'une bourre soyeuse recueillie sur les fleurs. C'est la femelle qui se charge du travail ; le mâle lui apporte les matériaux. On ne saurait exprimer avec quelle ardeur elle s'emploie à cette douce occupation, ni quels soins extrêmes elle met dans la confection de ce lit délicat. Elle en polit les bords avec sa gorge, le dedans avec sa queue ; elle le revêt à l'extérieur de morceaux d'écorce de gommier, seules parties solides qui entrent dans sa construction. Tout l'ouvrage, qui n'a pas le volume de la moitié d'une pêche, est tantôt suspendu à deux feuilles, tantôt au fétu qui sort du toit d'une cabane, ou encore à la branche flexible d'un oranger. Dans ce nid sont déposés deux petits œufs tout blancs, de la grosseur de petits pois ; le mâle et la femelle les couvent tour à tour, et les petits éclosent le treizième jour. La mère leur donne pour première nourriture, le suc des fleurs en leur faisant sucer sa langue, qui en est tout imprégnée.

LE GUÊPIER.

Le nom de cet oiseau lui a été donné à cause de sa nourriture ordinaire; car très-avide d'insectes, il choisit de préférence les guêpes et les mouches à miel : il les saisit au vol, et lui-même est attrapé, en volant, par les enfants de l'île de Candie. Ils le pêchent à la ligne au milieu de l'air, se servant comme appât des mouches dont il est le plus friand. Ils passent une épingle recourbée au milieu d'une cigale vivante, et attachent à cette épingle un long fil; la cigale n'en voltige pas moins, et le guêpier, l'apercevant, fond dessus et avale l'hameçon.

Le guêpier niche au fond des trous qu'il creuse avec un bec de fer et des pieds qui sont courts et forts. Il choisit de préférence les rives sablonneuses des grands fleuves, et les coteaux dont le terrain est le moins dur. Ces trous offrent jusqu'à un mètre soixante-deux centimètres et deux mètres de profondeur, et c'est dans l'endroit le plus reculé du souterrain que la mère dépose ses œufs, sur un matelas de mousse. La profondeur du trou empêche l'oiseau de vivre dans cette retraite et d'assister à l'éducation de sa jeune famille.

LES PICS.

Cette famille d'oiseaux est extrêmement nombreuse, et chacun de ses genres renferme une quantité considérable d'espèces différentes. Les trois plus connus en Europe sont : le pic-vert, le pic-noir et pic-varié ou l'épeiche.

Le pic-vert est doué de peu d'intelligence peut-être, mais il doit à son organisation d'exécuter des actes qui appartiennent à l'industrie, et qui lui feraient supposer plus d'instinct. Très-friand d'insectes, il les poursuit dans la terre, qu'il ouvre à l'aide de son bec et de ses pattes; quelquefois dans le creux des arbres, dont il enlève très-aisément d'assez gros morceaux. Mais la scène la plus intéressante de sa chasse est la manière singulière et très-adroite dont il prend les fourmis. Il se couche derrière une motte de terre, et sur la ligne que les fourmis parcourent dans leurs travaux; il avance sa langue, qui sort de son bec le plus possible. Lorsqu'il sent qu'elle est couverte par les insectes, il la retire soudainement, et après avoir avalé cette proie, il la replace, afin d'en attirer une autre.

Lorsque le froid empêche les fourmis de se répandre dans la campagne, il cherche, il découvre une fourmilière, y fait une ouverture à l'aide de son bec, et sur la brèche il attend celles qui, moins timides ou moins occupées dans l'intérieur, ne manquent point de sortir.

C'est dans un arbre vermoulu que les pics font leurs nids : ils s'attachent sur la face la plus malade du tronc, et à coups de bec ils arrivent bientôt jusqu'au centre carié ; puis ils vident avec leurs pattes le trou qu'ils ont pratiqué, en rejetant au dehors les copeaux et la poussière. C'est dans cette demeure profonde, et dans laquelle une ouverture oblique ne laisse point pénétrer la lumière, que les pics-verts élèvent leurs petits.

Le pic-vert a, comme plusieurs autres animaux, différents éclats de voix pour exprimer divers sentiments, diverses dispositions de son organisme ; à l'approche des pluies, il jette un cri plaintif et traîné, qui peut se rendre par la répétition fréquente de ce monosyllabe, *plieu*, et que l'on entend de très-loin dans la campagne, toujours silencieuse dans l'attente de l'orage. Au contraire, au moment de s'accoupler, son chant est vif, bruyant et contenu ; c'est le mot *tio*, répété jusqu'à trente ou quarante fois de suite, qu'il fait alors entendre. Dans son état ordinaire, lorsqu'il n'est agité par aucun besoin, par aucune inquiétude, il fait retentir les forêts de ces cris durs et aigus : *tiacacan, tiacacan*. C'est dans son chant le motif le plus naturel.

Les pics-noirs et variés sont remarquables par l'accomplissement des mêmes actes que le pic-vert, mais ne se rencontrent point en France, comme celui-ci.

Quatre doigts épais, nerveux, tournés, deux en avant et deux en arrière, un bec carré et presque tout semblable, par sa forme, à un coin, par son extrémité, à un ciseau, et soutenu par un cou gros et musculeux : voilà avec quels instruments les pics parviendraient, s'ils étaient en nombre suffisant, à détruire des forêts entières.

LA FRÉGATE.

Dampier fait un récit très-curieux des combats que se livrent entre eux les *frégates* et les *fous*, qu'il nomme, les premiers, *guerriers*, et les seconds, *boubies*.

« La foule de ces oiseaux est si grande sur la côte d'Yucatan, dit-il, que je ne pouvais passer dans leur quartier sans être incommodé de leurs coups de bec. Une fois je les frappai, mais quelques-uns seulement s'envolèrent, et le plus grand nombre restèrent, malgré tous mes efforts pour les contraindre à prendre la fuite. Je remarquai que les guerriers et les boubies, quand ils allaient faire leurs provisions d'aliments, laissaient toujours des gardes auprès de leurs petits. Les *guerriers*, lorsqu'ils rencontraient une *boubie* seule, lui donnaient plusieurs forts coups de bec sur le dos pour lui faire rendre gorge, et lorsqu'elle avait rendu un poisson ou deux, de la grosseur du poignet, les guerriers les avalaient à l'instant. Les guerriers les plus vigoureux jouent le même tour aux vieilles boubies qu'ils trouvent en mer; j'en vis un, moi-même, qui vola droit contre une boubie, et qui, d'un seul coup de bec, lui fit rendre un poisson qu'elle venait d'avaler; le guerrier fondit si rapidement dessus, qu'il s'en saisit en l'air, avant qu'il fût tombé dans l'eau. On rencontrait un assez grand nombre de guerriers malades ou estropiés, qui, hors d'état d'aller chercher de quoi se nourrir, étaient exclus de la société; ils étaient dispersés en divers endroits pour y attendre apparemment l'occasion de piller. »

La frégate et le fou sont deux oiseaux pêcheurs.

LE FAUCON.

Le premier des oiseaux chasseurs est sans contredit le faucon. Il accompage les princes dans leurs plaisirs, et l'homme, secondant ses dispositions naturelles, a pris tant de soins de son éducation et de son instruction, qu'il a érigé en *art de la fauconnerie* les leçons qu'il lui donne, et les divers moyens qu'il emploie pour le dompter ou pour le faire agir. Le faucon sert par habitude et par besoin; ce n'est qu'à force de privations qu'il consent à faire, en faveur de son maître, l'abandon de sa liberté, et lorsqu'il se livre à ses désirs, ce n'est qu'un marché qu'il contracte, et non un joug auquel il se soumet : l'espèce reste toujours dans les anfractuosités des rochers les plus sauvages. Courageux, il ne prend point de longs détours pour surprendre sa proie, il l'attaque de front, et fond sur elle perpendiculairement. Il se jette de préférence sur les faisans, et il s'abat de si haut, et si promptement, que ceux-ci, accablés tout à coup, perdent, dans leur effroi, jusqu'à la force de fuir. Souvent aussi il attaque le milan; et bien que ce dernier soit en état de lui résister, il lui enlève sa proie et le force à la retraite. Il y a beaucoup de faucons à Malte, à Rhodes, et comme ils recherchent de préférence les hautes montagnes, on les rencontre aussi dans les Alpes et dans les Pyrénées. On a remarqué que ceux qui venaient du Nord étaient en général plus grands et meilleurs chasseurs.

Pour dompter le faucon, on commence par s'armer d'entraves, appelées *jets*, au bout desquelles on met un anneau qui porte le nom du maître; on y ajoute des sonnettes, précaution utile, au moyen de laquelle le fauconnier (c'est le nom du gardien-instructeur de l'oiseau) peut se remettre aisément sur sa trace, quand il lui arrive de s'écarter. Très-indocile, il faut employer des moyens parfois violents pour le réduire : on l'oblige d'abord à rester perché sur le poing, et, pendant trois jours et trois nuits, on le prive de sommeil, et presque de nourriture, afin de lui faire perdre sa fierté et toute idée d'indépendance; enfin, on lui affuble quelquefois encore la tête d'une coiffe appelée chaperon, et, privé de la lumière, il devient plus traitable. Vaincu par le besoin, car on ne lui offre l'*appât* ou viande qui lui sert de récompense qu'à de longs intervalles, il refuse encore d'y toucher; mais, accablé de lassitude, il finit, après une résistance opiniâtre, par céder à la main de l'homme sa tête et son bec, que l'on couvre du chaperon, sans qu'il fasse le plus petit mouvement pour s'en défendre. On juge alors qu'il est soumis, et on termine là la première leçon. Trop heureux encore le fauconnier, qui n'est point obligé de plonger la tête de l'oiseau dans l'eau froide, afin de calmer sa frénésie, et de lui faire avaler de petites pelottes de filasse pour exciter davantage l'appétit qui déjà le tourmente.

Quand l'oiseau a fait preuve de docilité, on le porte sur le gazon, dans un jardin, et c'est alors qu'on lui apprend à sauter sur le poing, quand on lui présente l'appât. On répète plusieurs jours ce second thème, et lorsqu'on est sûr de ce mouvement, on lui fait connaître le *leurre*. Le leurre est un assemblage de pieds et d'ailes, qui représente aux yeux de l'oiseau la proie qu'il doit poursuivre, et c'est en y attachant la viande qui lui est destinée, que l'on parvient à l'affriander à ce simulacre. Dès qu'il a fondu dessus, et qu'il a donné un coup de bec, quelques fauconniers ont coutume de l'ôter pour irriter ses désirs ; mais ils s'exposent également à le rebuter. Le plus sûr, lorsqu'il remplit bien les exercices qu'on réclame de lui, est de le repaître entièrement.

En toute éducation, il faut étudier le caractère

de l'élève pour obtenir des résultats plus satisfaisants : ainsi, il faut parler souvent au faucon qui fait peu d'attention à la voix, il faut laisser jeûner celui qui revient moins avidement au leurre, et couvrir du chaperon celui qui craint ce genre d'assujettissement.

Le troisième degré dans cette éducation est le vol. Il faut qu'à la voix du chasseur le faucon tourne de tel ou tel autre côté et revienne au leurre : pour l'amener à cette habitude, on l'attache à une filière ou ficelle de quelques mètres, et on lui montre le leurre à quelques pas de distance; plus tard on le laisse s'éloigner davantage et par degrés, de manière qu'à la fin il revienne vers le leurre de l'extrémité de sa filière, qui est de dix-huit ou vingt mètres environ. Lorsqu'on est sûr de ce dernier exercice, on remplace le leurre par du gibier privé : c'est le complément de l'éducation. Le faucon arrivé à ce point est bientôt mis hors de filière et essayé en pleine campagne.

Un bon faucon doit avoir la tête ronde, le bec court et gros, le cou fort long, la cuisse longue, la jambe courte, la main large, les doigts déliés et les ongles fermes et recourbés; le plumage sans aucune tache, ou, en terme de fauconnerie, tout d'une pièce. Ainsi choisis, il sont plus faciles à instruire, plus intelligent et plus laborieux.

LA CHOUETTE.

Moins propre à une éducation suivie, et ne pouvant même, par sa faiblesse pendant le jour, rendre à l'homme des services qui compenseraient le soin qu'il prendrait de diriger son goût pour la chasse, la chouette des églises, l'*effraie*, est fort adroite pour prendre les souris, et le chat le plus expérimenté parviendrait moins promptement à les détruire. Elle ne manque pas, lorsque des *lacets* sont tendus près de son trou, d'aller le visiter; et si le chasseur n'est en embuscade la nuit, il ne retrouve plus le lendemain matin que quelques plumes des grives et des bécasses qu'elle lui a dérobées. Elle a la précaution, très-rare chez les animaux de proie, de plumer les oiseaux qu'elle mange, et de ne point les déchirer sans nécessité, prévoyant la faim qui doit revenir, et sentant le besoin qu'elle a de faire des provisions. Tout, dans ses resserres, est mis à profit.

La chevêche est une petite chouette qui cherche les lieux solitaires, et fait une bonne guerre aux souris et aux mulots quand ils sont petits.

LE MARTIN.

Cet oiseau, dont l'histoire offre un assez grand nombre de faits curieux, n'aurait droit à figurer ici, d'après le cadre que nous nous sommes promis de ne point franchir, que comme imitateur : dans l'état de liberté, il a coutume de s'exercer à contrefaire tous les cris des animaux qui l'environnent, et souvent avec une telle perfection, que le chasseur peut s'y méprendre. Captif, le martin imite le coq, l'oie, le canard, les petits chiens et les moutons ; et, comme s'il était pénétré de cette idée qu'il remplit un rôle comique, il accompagne ces différents cris de certains gestes pleins de gentillesse, et semble rire de ses imitations.

Grand destructeur des insectes, le martin a presque reçu les honneurs d'un culte dans certaines contrées. Dans l'île de Bourbon, on les fit multiplier, à l'aide de quelques paires que le gouverneur, M. Desforges-Boucher, fit venir des Indes, dans le dessein de les opposer aux sauterelles. Les services qu'ils rendirent d'abord furent incontestables, et le fléau qui affligeait l'île fut bientôt arrêté dans son cours. Les sauterelles mangées, les martins furent obligés, leur nombre allant sans

cesse en augmentant, de quêter d'autres aliments.
Il se mirent à chercher des petits vers dans les
terres nouvellement ensemencées. Les colons qui
les aperçurent s'imaginèrent qu'ils en voulaient
au grain, et comme on oublie d'être reconnaissant
envers son libérateur dès que le péril est passé,
les martins furent déclarés nuisibles, et leur procès
fut fait dans les formes. En vain leurs défenseurs
soutinrent que ce n'était point le grain, mais l'insecte ennemi du grain que l'oiseau poursuivait
avec avidité, et que, loin de porter préjudice aux
colons, il continuait, en épluchant les terres, de
se montrer leur bienfaiteur : l'erreur s'était répan-
due ; le jugement fut porté et mis si promptement
à exécution, que deux heures après on n'eût pas
trouvé dans l'île une seule paire de martins.

Cette décision, si vivement sollicitée, et si brusquement suivie, ne tarda pas à faire naître des
regrets. Les sauterelles avaient disparu, on en
revit quelques-unes, et bientôt, multipliant de
nouveau sans obstacles, elles amenèrent le
peuple, qui ne sent que l'inconvénient présent,
à rappeler les martins, seuls adversaires qui pouvaient remédier aux nouveaux désastres. Quatre
de ces oiseaux rentrèrent huit ans après la pros-
cription, et furent reçus avec des transports de

joie. Leur arrivée fût célébrée par des réjouis-
sances publiques, et un peuple immense alla les
recevoir au débarquement.

Une loi de l'État prononça des peines contre
ceux qui détruiraient quelqu'un de ces oiseaux, et
les médecins déclarèrent leur chair malsaine. Ces
précautions produisirent l'effet désiré. Les martins devinrent plus nombreux que jamais, le même
inconvénient reparut et les sauterelles, une fois
détruites, ces oiseaux se jetèrent sur les fruits et
sur les pigeons, qu'ils allaient détruire au milieu
du colombier. On s'affligea de nouveau, et les habitants de Bourbon, par cette fausseté de jugement qui entache toute l'humanité, extrêmes dans
la vengeance qu'ils avaient exercée contre les martins, extrêmes dans la soumission avec laquelle
ils les avaient reçus à leur seconde entrée, ne sen-
tirent pas que, pour se préserver de l'un et de
l'autre écueil, pour conserver leurs récoltes et se
débarrasser des sauterelles, il suffisait de ne laisser les martins se multiplier que jusqu'à un nombre
convenu, de manière que, trop peu nombreux
pour nuire aux colons, ils se trouvassent toujours
en quantité suffisante pour détruire les sauterelles.

Le martin prend en mangeant une précaution
que des douleurs dont il garde la mémoire lui

conseillent chaque fois qu'il attaque un aliment trop indigeste. Il saisit les membres qu'il veut avaler, et les secouant fortement à l'aide de sa patte et de son bec sur un plancher ou contre une pierre, il parvient à en rompre les os et à réduire le tout en une pâte molle, dont il se nourrit alors sans danger.

Très-attaché à ses petits, le martin ne connaît aucun péril qui puisse l'éloigner d'eux. Si un chasseur les enlève, il sera obligé de le tuer, car il les suivra jusqu'au fond de son appartement, et si la fenêtre en est ouverte, on le verra, à des heures réglées, entrer avec la nourriture nécessaire à ses petits, et il faudrait qu'il fut blessé de manière à ne pouvoir plus agir, pour qu'il cessât ces intéressantes fonctions, dans lesquelles il est secondé par sa femelle. Plus gros que le merle, le martin a le bec et les pieds jaunes comme lui, mais un peu plus longs. Sa tète et son cou sont noirâtres, le dessus de son corps et de ses ailes d'un brun marron assez foncé, et son ventre blanc. La femelle pond ordinairement quatre œufs, et pond deux fois par année.

LE COQ DE BRUYÈRE.

Le coq, à queue fourchue, appelé encore *petit*

tétras par les naturalistes, se rencontre dans le nord de l'Écosse. Comme il est des oiseaux qui savent chasser, et par mille ruses se procurer leur proie, il en est d'autres innocents, et cependant pourvus de quelque adresse, mais dont tout l'instinct n'est employé qu'à la défense de leur vie. Le tétras est dans ce cas; il semble élire pour le gouverner le plus vieux, et par conséquent le plus sage de sa colonie, et s'en remettre à sa garde. C'est ce vieux coq qui dirige la troupe et lui fait éviter avec un tact merveilleux les piéges des chasseurs.

Pour mieux faire connaître cette industrie toute particulière du vieux tétras, il nous faut dire en peu de mots les moyens mis en usage pour chasser ces oiseaux. Le tireur est caché dans une hutte, et près de ce lieu d'observation est une poupée, un tétras empaillé ou artificiel, que l'on fixe sur un bouleau, à portée du lieu que les tétras ont choisi pour leur rendez-vous. Ils accourent autour de cette effigie, les mâles surtout, et se livrent des combats sanglants, pendant lesquels le chasseur a tout le loisir de les ajuster et de les abattre. On prétend que le vieux tétras, conducteur de la bande, saisit le moment où les chasseurs sont éloignés, pour détruire à coups de bec ce simulacre, et que par là il met ses pareils en sûreté, en leur découvrant la supercherie. Quelquefois encore, en Lithuanie, en Livonie et en Courlande, on les conduit vers les huttes du tireur, au moyen d'une battue que font plusieurs hommes à cheval et armés de fouets. Le bruit qu'ils font fait lever les tétras, qui, environnés ainsi par un cercle qui va toujours en se rétrécissant, finissent par être rassemblés au lieu marqué pour leur destruction. Il n'est pas rare alors que le vieux tétras, leur ayant, pour ainsi dire, marqué un rendez-vous où ils s'abattent au plus fort de la bruyère, les contienne calmes, et couchés comme morts, malgré les nombreux coups de fouet de ceux qui les pourchassent, et les conduise loin de là, lorsque les chevaux une fois passés, il leur a donné le signal de la volée.

Les tétras, au printemps, époque à laquelle il convient de les chasser, se rassemblent en plus grand nombre. Les mâles se livrent des combats terribles, et les femelles attendent à l'écart que l'issue de ces querelles sanglantes ait décidé de leur sort. Elles suivent alors les vainqueurs, qui, par un roulement de gosier très-éclatant, célèbrent leur propre triomphe.

LA GELINOTE.

Cet oiseau a le plus grand rapport avec le *tétras*. Pour s'en faire une juste idée, il faut se figurer une perdrix qui, tenant le milieu entre la rouge et la grise, aurait quelque rapport, quant au plumage, avec le faisan. La gelinotte sait, avec infiniment d'adresse, se défendre contre les chasseurs, ou pour employer un mot d'un sens plus précis, se mettre à l'abri de leurs poursuites. C'est avec un grand bruit d'ailes qu'elle part dès qu'on la fait lever; mais, comme si elle savait que le seul moyen d'éviter la mort est de se cacher à l'œil de l'homme, elle se jette dans un sapin très-touffu, à l'endroit même d'où partent les branches, et reste immobile avec une patience singulière, jusqu'à ce que le chasseur ait cessé de la guetter.

Les gelinottes préfèrent les forêts aux montagnes, et c'est encore parce qu'elles y trouvent plus de sûreté contre les attaques des chasseurs et des oiseaux de proie.

LE CORBEAU.

Le corbeau a joué un très-grand rôle dans l'antiquité. Il était l'oiseau le plus fréquemment consulté lors des auspices, et les charlatans sacrés ne manquaient pas de donner aux quarante et quelques inflexions différentes que l'on avait remarquées dans sa voix, une valeur très-diverse, mais toujours importante et très-significative. Le cri lugubre du corbeau, et son habit plus lugubre encore, étaient des titres irrécusables à l'honneur de figurer dans les conjurations.

Doué de beaucoup d'intelligence, il est capable d'attachement et très-facile à réduire à l'état de domesticité; on l'a vu quelquefois sous la direction d'un fauconnier habile. Il peut chasser au profit d'un maître : instruit avec plus de soin encore, il peut devenir un animal de défense, s'il est vrai toutefois qu'un tribun romain, Valérius, attaqué par un Gaulois d'une grandeur et d'une force démesurées, n'est parvenu à le vaincre qu'à l'aide d'un corbeau qui, pendant le combat, se jeta sur cet adversaire, le frappant au visage et le harcelant de mille manières. On fait encore honneur à son industrie du stratagème suivant : on rapporte qu'un corbeau, voyant au fond d'un vase un peu d'eau, imagina d'y jeter de petits cailloux, jusqu'à ce que l'eau vînt au niveau des rebords, et qu'il pût apaiser sa soif.

Le corbeau est très-prévoyant, et les amas considérables qu'il fait de noix et de graines de toutes espèces ne doivent pas seulement servir à ses petits, mais bien à lui et à sa compagne, pendant la saison des froids. Ils amassent aussi et cachent tous les objets qui ont quelque éclat : il est probable que la manière dont ces objets frappent leur vue leur procure une sensation agréable. On ne peut expliquer autrement les vols qu'ils font de matières brillantes. A Erford, un corbeau eut la patience de porter une à une, sous une pierre et dans l'endroit le plus retiré d'un jardin, des pièces de très-petite monnaie, dont la somme s'éleva jusqu'à six florins.

Le corbeau veille à la sûreté de son nid, et il n'est point d'oiseau de proie qu'il craigne d'attaquer. Il arrive parfois que le milan, menaçant ses petits, il prend son essor, gagne le dessus, et que, se rabattant sur cet ennemi, il le frappe violemment de son bec ; si l'oiseau de proie fait des efforts pour reprendre le dessus, le corbeau en fait pour conserver son avantage ; et quelquefois ils s'élèvent si haut dans les airs, qu'on les perd de vue. Pendant la lutte les petits sont sauvés, à moins qu'un nouvel agresseur ne profite de l'absence du père.

Nous ne parlerons point ici du talent d'imitation

dont les corbeaux sont doués, et de cette facilité incroyable avec laquelle ils imitent la voix humaine : il n'est personne qui n'en ait entendu quelqu'un dans nos rues faire la conversation avec les passants, et tout le monde se rappelle ce corbeau qui salua Auguste empereur. C'est, au reste, un résultat de l'éducation, quoique l'instinct de l'animal et une disposition organique favorisent les leçons qu'on a toujours besoin de lui donner.

LA PERDRIX.

Il est digne de remarque que plus les oiseaux accordent de soins à leur couvée, plus ils sont assidus et courageux quand il s'agit de leur conservation. La perdrix offre une preuve à l'appui de cette observation : en effet, peu d'oiseaux veillent avec plus de zèle auprès de leurs petits. Presque toujours on voit dans le nid le mâle et la femelle, les ailes étendues, couvrant de leurs corps les petits, dont les têtes sortent de tous côtés, avec des yeux très-vifs : dans cette position intéressante, ils sont le plus souvent épargnés par le chasseur, qui, mû par son intérêt, plus encore que par sa sensibilité, ne veut pas nuire à la multiplication du gibier. Si le chien s'emporte, le mâle part le premier, et c'est d'une aile traînante qu'il prend sa volée; il attire le chasseur sur ses traces par l'espoir d'une proie facile, et c'est en fuyant assez pour n'être point pris, mais assez peu vite pour ne pas ôter au chasseur tout espoir, qu'il le conduit très-loin du nid, auquel il revient par de longs circuits. La femelle, pendant ce temps, a rassemblé ses petits, et les a conduits assez loin, afin de les sauver de tout danger, dans le cas où le chien, se rebutant de la poursuite du mâle, y reviendrait comme vers une capture plus facile. Il est rare cependant que le chien abandonne la chasse du mâle, car celui-ci revient sur son ennemi en battant de l'aile, quand il croit remarquer en lui du découragement, tant l'amour paternel inspire de courage aux animaux les plus timides !

LE BUTOR.

On trouve le butor dans tous les marais assez grands pour lui servir de retraite : on le connaît dans la plupart de nos provinces, en Angleterre, en Suisse, en Danemark; il est asssz commun en Suède. C'est à Montreuil-sur-Mer, et sur les côtes de Picardie, que l'on rencontre le plus sûrement le butor. Quoique voyageur, il s'y trouve par douzaines dès que le mois de décembre est arrivé.

Il est peu d'oiseaux qui se défendent avec autant de sang-froid que lui : calme dans tous les moments, il ne court pas au-devant de son ennemi ; il l'attend et lui présente toujours le bout de son bec, qui est extrêmement aigu, à peu près comme un bon tireur tient toujours la pointe de l'épée au corps. Il en résulte que le butor sait mieux rester en garde et parer les coups qu'il ne saurait en porter. Quand le chasseur l'attaque, il est obligé de le tuer, car il se venge par des coups de becs cruels, et se débat jusqu'à sa mort. Surpris par un chien, il se jette sur le dos, et se défend dans cette posture et des griffes et du bec. Le faucon le redoute et n'ose l'attaquer que par derrière. Le butor, qui a les mouvements plus difficiles que son adversaire, ne tarde pas à avoir le dessous dans cette lutte ; mais son courage et son désespoir font ensuite lâcher prise au vainqueur.

C'est presque sur l'eau, et seulement soutenu par un ou deux roseaux, qu'est établi le nid du butor. La femelle couve vingt à vingt-cinq jours, et les petits, lorsqu'ils viennent d'éclore, sont très-loin encore de la perfection, leur corps est presque entièrement nu, et leur face est hideuse. Le père et la mère leur apporte du frai de grenouilles, des sangsues, des lézards, et, sur la fin de leur éducation physique, des tronçons d'anguille. Pendant tout le temps que le butor élève ses petits, il se sacrifie, lors du danger, à leur conservation, et il est dangereux d'approcher le nid, car il peut crever les yeux des imprudents.

LE MARTIN-PÊCHEUR.

Le plus brillant de tous les oiseaux de nos pays, le martin-pêcheur, offre une réunion très-rare des couleurs les plus vives, et le bleu qui ondoie sur les deux côtés de son corps, le rouge de feu qui couvre son ventre, feraient croire qu'il est né dans ces climats heureux où le soleil, source des couleurs les plus riches, couvre les oiseaux de pompeux habits. Au reste, il est croyable qu'il est en effet originaire d'Asie, mais son plumage semble n'avoir rien perdu depuis qu'il s'est acclimaté sous un ciel moins ardent.

Le martin-pêcheur niche sur le bord des rivières, dans le trou creusé par le rat d'eau, demeure qu'il rend plus profonde, et dont il maçonne et rétrécit l'ouverture après le déblaiement.

Pour la pêche, il se place sur une branche avancée au-dessus de l'eau, et au moment où le poisson nage à sa surface, il se laisse tomber dessus; quelquefois, plongeant après sa proie, il ne reparaît que lorsqu'il la tient à son bec. Malgré les efforts qu'elle fait pour lui échapper, il la porte sur le rivage ou dans son trou, et s'il est plus riche en provisions qu'il n'a d'appétit, il la tue en la frappant contre une pierre, afin de la conserver d'une manière plus sûre. Lorsque les eaux sont troubles, le martin-pêcheur qui ne peut plus apercevoir le poisson de la rivière, plane à cinq ou six mètres dans la direction des ruisseaux d'eau vive, et de cette hauteur il remarque les très-petits poissons ou les insectes, qu'il descend chercher. C'est pendant les temps pluvieux qu'il a recours à son magasin, et qu'il pare sa table des provisions faites quelques jours auparavant.

Dans la Sibérie, où l'on trouve aussi le martin-pêcheur, il est l'objet des superstitions les plus ridicules. Les *Ostiaques* jettent ses plumes dans l'eau, et attachent une vertu singulière à celles qui surnagent. Ils les recueillent avec soin, les portent avec eux, et croient par là se prémunir contre tous les accidents de la vie, bien qu'ils n'en soient guère plus préservés que nos paysans ne le sont des morsures de la rage, lorsqu'ils portent au doigt des bagues que des batteleurs leur vendent sous le nom de *bagues de Saint-Hubert*.

LE SAVACOU.

Le savacou, naturel de la Guyane et du Brésil, a le plus grand rapport avec les hérons, quant à la formation de son corps et à ses habitudes. Il ne diffère de cette famille que par son bec, qui ressemble à deux *cuillers,* se couvrant par leur face concave, et dont la face convexe présenterait des arêtes assez tranchantes pour couper. Armé de ce formidable moyen de défense, le savacou ne cherche cependant point à attaquer les animaux, qui seraient infailliblement ses victimes. Il se contente de très-petits poissons, qu'il enlève avec autant de prestesse que le martin-pêcheur, et par une méthode tout à fait semblable à celle qu'emploie celui-ci. Il se tient à quelque élévation, et, se plongeant tout à coup dans l'eau, dès que le poisson frappe sa vue, il reparait l'emportant à son bec, le laisse échapper quelquefois et le ressaisit toujours avec la même promptitude et la même facilité.

LE PÉLICAN.

Cet oiseau, l'emblème du dévouement paternel et le symbole des armoiries d'un grand nombre de maisons nobles, est trop connu pour que nous entreprenions de le décrire, notre but d'ailleurs n'étant point de donner une histoire naturelle des animaux dont nous parlons, mais bien de consigner les faits curieux que présente à l'œil de l'observateur l'étude de leur existence, de leurs habitudes. C'est chez l'animal le résultat d'un calcul réel que d'abord nous étions convenu d'admirer; mais peu à peu, nous complaisant dans nos rapports avec des êtres qui chaque jour nous offraient quelque spectacle intéressant et nouveau pour nous, nous avons également tenu compte de tel acte que l'animal remplit par suite de son organisation même, et qui est aussi inhérent à sa nature que les proportions de son corps, que la couleur de son poil, de ses écailles ou de ses plumes. Il en est résulté que notre recueil est devenu la réunion de toutes les raretés que présentent à l'observateur les êtres des différentes classes du règne animal.

Le pélican, ayant trois mètres cinquante-sept centimètres ou quatre mètres d'envergure, se soutient aisément en l'air et se balance avec légèreté sans changer de place. Il fait servir cette faculté au profit de son appétit, et, tombant d'aplomb sur sa proie, il ne manque jamais de la saisir. Celleci est étourdie par la violence du choc et par la commotion des eaux qui, frappées par des ailes aussi étendues, bouillonnent et tournoient autour d'elles : en vain elle chercherait à fuir; dans l'état de faiblesse où la jette l'effroi, elle ne pourrait vaincre les tourbillons de [l'eau, et resterait auprès de son ennemi, quelque effort qu'elle fît pour lui échapper : voilà comment pêche le pélican lorsqu'il est seul. En société il est plus savant chasseur, et ses manœuvres sont telles, qu'un instinct supérieur paraît y présider. Les pélicans se disposent en ligne comme plusieurs vaisseaux de guerre, et resserrant le cercle qu'ils ont tracé, à mesure qu'ils approchent du point du centre, ils finissent par rassembler le poisson dans un très-petit espace, et se partagent leur capture tout à leur aise.

Ils savent choisir en outre les heures du matin ou du soir où le poisson est le plus en mouvement. Quand ils ont rempli, après plusieurs tentatives de pêches presque toujours heureuses, la poche membraneuse qui forme la moitié inférieure de leur bec, poche qui est susceptible d'une extension considérable, ils vont manger, digérer et dormir sur la pointe d'un rocher.

Ce gros oiseau, malgré sa pesanteur, est susceptible d'éducation. On en a vu se promener familièrement dans la ville de Rhodes; et l'empereur Maximilien en possédait un, qui, le suivant dans les combats, s'élevait au-dessus de l'armée à une si grande hauteur, que, bien qu'il eût cinq mètres du bout de l'une des ailes à l'autre, il paraissait de la grosseur d'une hirondelle.

Le pélican fréquente, à certaines époques, les pays froids; il séjourne plus longtemps et plus volontiers dans les régions méridionales de notre continent et du Nouveau-Monde.

LE CORMORAN.

Le cormoran est un assez grand oiseau à pieds palmés, dont le bec est beaucoup plus petit que celui du pélican, et le cou beaucoup moins long que celui de cet autre pêcheur. Le cormoran est si avide de pêche, qu'il semblerait, quand seul il a fixé son séjour dans un étang, que des races entières d'oiseaux pêcheurs y auraient passé, tant il y cause de dégâts. Il est plus favorisé que le pélican et beaucoup d'autres oiseaux-pêcheurs, en ce sens qu'il peut rester longtemps dans une immersion complète. Quand, après un plongeon, il revient avec le poisson en travers de son bec, il le jette en l'air, le recevant avec adresse, et toujours par la tête : par ce manége, il évite de prendre à contre-sens les nageoires du poisson, qui pourraient le gêner au passage.

Les sauvages du Kamtschatka sont parvenus à rendre le cormoran domestique, et il n'est pas rare de le voir pêcher à leur profit. La manière dont ils s'emparent de lui est assez singulière. Ils lui présentent un lacet au bout d'une longue gaule, et l'animal est si paresseux qu'il se contente de détourner le coup afin d'éviter le lacet, jusqu'à ce que, fatigué de ce mouvement, il reste immobile. Il devient alors très-aisé de lui passer le lacet, et de le conduire partout où l'on désire.

Rarement les sauvages mangent sa chair, l'expérience leur ayant prouvé qu'elle était malsaine. Quand ils s'emparent de lui pour le tuer, c'est afin de vendre sa graisse, qui sert à l'éclairage. Dans la baie de Saldanha, il est une île où ces oiseaux sont en si grande quantité, qu'elle a pris le nom, dans les relations des voyageurs : d'*île des Cormorans.*

LE TOURNE-PIERRE.

Ce petit oiseau, qui a les pieds sans membranes, bien qu'il habite le rivage des mers, et qui ressemble au pluvier par son plumage noir et blanc, n'offre rien de remarquable, sinon qu'il retourne toutes les pierres qu'il rencontre, pour chercher dessous les vers dont il fait sa nourriture. Il lève et tourne avec une si grande facilité des pierres de dix ou quinze hectogrammes, qu'il faut admettre qu'il n'y parvient que par une extrême adresse; car la force de son cou et le peu de volume de son corps ne sauraient l'aider dans une opération aussi pénible, et qu'il répète assez souvent.

LA GRUE.

Originaire du Nord, la grue visite les pays tempérés. Dans les lieux où elle habite le plus ordinairement, et dans ceux où elle ne fait que passer, elle est toujours poursuivie par la même inquiétude. Il n'est point de nuits où elle reste sans gardes. Voyageant toujours en troupes, quelques membres de la société sont placés en sentinelles sur des lieux élevés et environnants. Le chef (car les grues en choisissent un, au moment du départ, pour les diriger dans les combats qu'elles se livrent assez fréquemment), le chef veille, la tête haute, pendant que toute la troupe a la tête cachée sous l'aile. Nous ne saurions dire comment a lieu l'élection du chef; mais on ne peut refuser aux grues l'intelligence sociale qui les porte à se rassembler, et cette soumission au directeur du voyage qu'elles suivent avec une précision et un ordre admirable.

Naturellement disposée à se jouer par divers

sauts, puis à marcher avec gravité, la grue peut aisément se dresser à la danse, et des bateleurs à Rome en firent voir qui imitaient mille postures comiques.

LA CIGOGNE.

Qui nous montrera cette carte géographique avec laquelle les oiseaux voyageurs parviennent, sans aucune erreur de vol, au terme des plus longs voyages? Qui nous fera entendre une seconde fois cette voix qui un jour a dit à ces hordes émigrantes : Il faudra vous rassembler à tel signe précurseur de l'hiver, attendre pour le départ que vous soyez en masses considérables, afin de résister aux courants d'air les plus violents, et de rompre sans fatigue, en passant tour à tour sur le premier rang par des évolutions régulières et successives ; il faudra vous diriger vers tel degré, et vous rencontrerez au sein des mers, à des distances immenses du continent, un banc de sable, un rocher, sur lequel votre troupe entière pourra se reposer? Qui nous fera entendre cette voix que l'oiseau même a pu comprendre? Ce ne sera point l'athée ; cette seule question suffirait pour l'anéantir ! Et en effet, est-ce à une nature aveugle qu'il faut rapporter des résultats aussi constants ? Sont-ce les premiers oiseaux qui ont osé s'aventurer dans les plaines de l'air, sans connaître la route qu'il fallait suivre et sans un point de repos, qui auraient instruit leurs successeurs? Non, ils auraient infailliblement péri dans les eaux; et il faut reconnaître, dans les premières instructions qu'ils ont reçues dans ces lointains voyages, cette même puissance qui les avait créés, et qui, ne les ayant point faits pour les hivers, voulut, sans intervertir l'ordre des saisons nécessaires aux différentes parties du globe, les faire jouir de deux étés.

Les cigognes sont à citer d'abord parmi tous les oiseaux voyageurs. Leur départ, leur voyage, leur retour semblent ordonnés par des lois fixes et religieusement observées. Le rendez-vous a toujours lieu dans le même endroit. De tous côtés elles accourent, et dans l'espace de quelques jours les plaines en sont blanchies. On les entend alors fréquemment *claqueter*, et, comme si elles se cherchaient, se reconnaissaient et s'inquiétaient des événements qui leur seraient arrivés depuis leur séparation, elles vont, viennent et se rassemblent par groupes, dont les individus changent à tout instant. Les unes se tiennent à l'écart, et volent presque sans discontinuer pendant tous ces apprêts. Quelques personnes ont regardé ces dernières comme des sentinelles qui veillent au salut de la compagnie ; d'autres ont prétendu que c'étaient des mères qui, inquiètes sur le degré de force de leurs petits, novices encore pour un aussi long voyage, les exerçaient devant elle au vol rapide, au repos dans l'air, et cherchaient à se tranquilliser, en les éprouvant avant de se mettre en route.

Mais le signal est donné : le plus grand silence succède à l'agitation, toutes quittent terre au même moment, se perdent dans la nue, et, avant de tenter le trajet de la Méditerranée, vont parfois se reposer aux environs d'Aix en Provence. Leur nombre est d'ailleurs si considérable, que chaque troupe, ou *vol*, comme on appelle encore, est plus de trois heures à passer, sur un demi-mille environ de largeur.

Les cigognes ne connaissent donc point les rigueurs de l'hiver. Leur année est composée de deux étés. Elles font une seconde fois des petits pendant leur séjour en Égypte.

La cigogne est très-propre : jamais elle ne laisse séjourner ses ordures auprès d'elle ; c'est dans un endroit écarté qu'elle a soin de les aller déposer. Mais elle est surtout remarquable par les vertus morales qui lui sont naturelles. Elle a pour ses petits un attachement extrême et de très-longue durée. Elle les porte sur ses ailes, quand ils essaient les leurs, et ne les quitte que longtemps après qu'ils ont acquis tout le développement auquel ils doivent parvenir. S'ils sont attaqués par un ennemi trop fort, et qu'elle perde l'espoir de les sauver, elle leur fait un rempart de son corps, et meurt sous les coups, ne voulant point leur survivre. Enfin, on voit fréquemment de jeunes cigognes, reconnaissantes de tant de soins, de bienveillance, venir apporter la nourriture à leurs parents, qui, accablés par l'âge ou par les infirmités, languissent et ont à peine la force de se trainer jusqu'au bord du nid dont ils ne sortent plus. Il a fallu pour que l'homme soutint ses parents dans la vieillesse l'y contraindre par une loi. Cette loi portait chez les Grecs le nom de cet oiseau, qui, spontanément et sans tribunaux, sans officiers civils, sait remplir le premier des devoirs de la nature. Les Égyptiens, frappés par le spectacle de ces qualités singulières, consacrèrent à la cigogne un temple et des autels. Cette idolâtrie pouvait au moins produire un bon exemple.

LE CANARD SAUVAGE.

C'est vers le 15 octobre, que le canard, parti des mers du Nord, arrive en France par bandes peu considérables, mais qui voyagent dans un ordre extrêmement bien réglé. C'est en triangle que la troupe se dispose, de manière que celui qui est en avant à la pointe de l'angle, fatigue beaucoup, étant obligé de rompre les courants d'air; mais si les deux qui lui succèdent éprouvent encore dans leur vol quelque difficulté, tout le reste voyage sans être contraint aux plus légers efforts. Le chef est tour à tour changé, et chacun prenant la place laborieuse, tous partagent les fatigues de la route.

Ce n'est guère que sur la fin du jour que les canards sauvages s'abattent dans nos marécages, après avoir pris toutefois d'étranges précautions : ils s'arrêtent à une distance assez grande du sol, et quelques éclaireurs sont chargés d'aller visiter les lieux. C'est lorsqu'ils remontent vers la troupe, que, rassurée sans doute par leur perquisition, on la voit descendre tout entière.

Alors même quelques-uns d'entre eux sont postés de manière à pouvoir, en cas d'attaque imprévue, donner l'éveil aux autres; et souvent le chasseur du plus loin qu'il les aperçoit, les voit tous, à un cri d'alarme, partir et se mettre par un vol rapide hors de toute atteinte. Le moyen le plus sûr pour ajuster le canard sauvage est de lancer dans l'endroit où il s'est abattu un canard femelle. Il accourt à son cri, et le tireur en abat quelquefois jusqu'à cinq ou six d'un seul coup de fusil.

L'ORTOLAN.

Cet oiseau est originaire d'Italie; mais il est tellement acclimaté dans les autres pays où on le rencontre, qu'il est difficile de déterminer aujourd'hui quelle est la contrée qui lui appartient davantage. Il se fixe dans un canton lors d'une émigration, y fait ses petits, y revient l'année suivante et finit par s'y multiplier et par en prendre pour ainsi dire possession.

On rencontre les ortolans en Allemagne, en Suède; mais ils reviennent périodiquement dans nos provinces méridionales, le plus souvent par la Picardie, et jamais par la Bourgogne. Il n'y a pas très-longtemps qu'on les vit se naturaliser en Lorraine, entre Dieuze et Mulée, endroit où, jusqu'à cette époque, on n'en avait jamais aperçu un seul.

L'ortolan, comme nous venons de le dire, est voyageur. Il arrive le plus ordinairement avec l'hirondelle et quelques jours avant les cailles. En rentrant il est un peu maigre, mais il se répand dans les vignobles, et mange tant d'insectes qu'il ne tarde pas à reprendre du corps.

Dès les premiers jours du mois d'août, les nouveaux ortolans suivent leurs chefs, et prennent le chemin des provinces méridionales; quelques-uns des vieux seulement les accompagnent, tandis que le reste ayant plus de force pour faire une route qui déjà lui est connue, ne part que deux mois après, vers la fin de septembre. Ils font encore une pause avant de se mettre en route vers la Provence, et n'en suivent la route avec ardeur que lorsque les froids se font sentir.

De tout temps cet oiseau fut servi sur la table du riche, et les Lucullus, à Rome, les mangeaient aussi fréquemment que la grive. Pour cela il faut qu'il soit extrêmement gras, et rarement on les trouve dans un état bien pléthorique. Le mot *ortolan* est passé en proverbe pour exprimer un repas appétissant et délicat.

L'ortolan, moins gros que le moineau franc, a d'ailleurs avec lui plusieurs points de ressemblance.

L'HIRONDELLE.

De tous les oiseaux, l'hirondelle est celui pour lequel le vol est le plus nécessaire; c'est, pour ainsi dire, son état le plus ordinaire. Elle mange en volant, donne la pâture à ses petits en volant, se baigne aussi dans son vol; et il faut expliquer cette habitude constante par l'extrême facilité avec laquelle elle parcourt l'air : ce n'est point pour elle une fatigue, et elle exécute mille circuits, mille voltes, par une simple inclinaison de l'aile, et sans un mouvement très-marqué.

Elle sent que l'air est son domaine, et on dirait qu'elle éprouve un plaisir réel à le parcourir en tous sens, ce qu'elle fait en laissant échapper un petit cri de gaieté. Quand elle donne la chasse aux insectes volants, c'est encore en décrivant dans l'air des spirales très-compliquées, puis en traçant des lignes droites brusquement interrompues. Elle suit un insecte volant, le quitte pour un second, en saisit un troisième au même moment, et son adresse est dans cette chasse au niveau avec son agilité. Elle met à défendre sa vie contre les animaux de proie la même promptitude qu'à poursuivre elle-même son butin. C'est un cerf lancé par les chiens; au moment où on la croit prise, elle part d'un nouveau coup d'aile, et revient brusquement sur elle-même, avant que son ennemi se soit rendu compte du mouvement qui l'a sauvée d'une mort certaine.

L'hirondelle est assurément un de ces oiseaux voyageurs que l'on désigne encore sous le nom d'oiseaux de passage. Longtemps on a discuté sur cette question : *l'hirondelle émigre-t-elle* pendant l'hiver, ou se cache-t-elle dans le pays même, pour se mettre à l'abri du froid? En ce moment les naturalistes sont d'accord, et, après des discussions nombreuses et la publication de mémoires très-savants, il est reconnu que l'hirondelle émigre tous les ans.

Lorsqu'on admettait que les hirondelles ne sortaient point du pays où elles passent la belle saison, on imaginait, afin de les soustraire aux atteintes de l'hiver, que leur corps était saisi aux premiers froids d'une sorte d'engourdissement qui devenait complet lorsque, pour se mettre à l'abri de la rigueur de la saison, elles se plongeaient au fond des eaux, dans la vase : il n'était pas plus difficile de supposer qu'elles en sortaient lorsque la chaleur était revenue, et c'est ce qu'on n'a pas manqué de faire. Il y eut quelques observations citées à l'appui de cette opinion, et des pêcheurs étaient présentés comme témoins du fait : ils avaient trouvé dans les lacs, et retiré au moyen d'un filet, des hirondelles qui, placées devant le feu, avaient donné tous les signes d'une véritable résurrection. L'erreur fut admise comme vérité, et, accréditée, elle devint bientôt un préjugé populaire. D'autres, moins hardis dans leur hypothèse, imaginaient, ou plutôt avaient observé que chaque hiver on trouve le long des côtes et dans des roches caverneuses, des hirondelles attachées le long des murailles, dans une suspension qui semble annoncer un repos léthargique. Ils conclurent que toute la race en faisait autant, et à la place de l'immersion ou de l'émigration, ils admettaient le recèlement. Les uns et les autres étaient loin de la véritable explication qui seule pouvait résoudre la question. Les premiers s'étaient au reste beaucoup plus mépris que les seconds, parce qu'ils prenaient un accident pour une loi de nature, et que les hirondelles qu'ils retiraient des eaux y étaient tombées par hasard et se trouvaient dans un état d'asphyxie. Les seconds avaient observé, mais toujours un cas particulier ; et parce qu'il arrive que quelques hirondelles, trop faibles pour chercher d'autres rivages, ou trop vieilles pour entreprendre des émigrations pénibles, restent dans le creux des rochers qui bordent nos côtes, il ne fallait pas conclure de ce fait que toutes les hirondelles en faisaient autant.

L'hirondelle cherche donc une saison plus chaude sur l'autre continent : ce qui est à remarquer, c'est qu'elle sent le besoin d'un vent propice, et que tant que le souffle de celui-ci est contraire, elle se garde de se mettre en route. Il est même probable qu'à moitié de la traversée, lorsqu'elle est surprise par les vents opposés, elle fatigue, et que souvent, lorsqu'elle ne rencontre aucun vaisseau, elle est engloutie par les flots.

La cause réelle de l'émigration est le besoin de nourriture ; au moins est-on porté à le juger de cette manière, quand on compare l'époque du départ de chaque famille d'oiseaux, et l'espèce d'aliments à l'aide desquels elle soutient sa vie. Les insectes ailés sont les premiers qui disparaissent, dès que l'été est fini ; les oiseaux qui vivent d'insectes voltigeants quittent nos pays au jour même de leur disparition. Les insectes terrestres demeurent encore longtemps après ; ceux qui s'en nourrissent partent plus tard ; enfin, ce n'est qu'au commencement de l'hiver que ceux qui vivent de baies et de graines se déterminent au voyage.

C'est au cap de Bonne-Espérance que relâchent presque toutes les passes d'hirondelles ; il en est en cet endroit de sédentaires, mais en très-petit nombre, comme il est facile d'en juger à l'époque où cessent les émigrations.

L'OUTARDE.

Avec une force réelle et un corps d'une assez grande dimension, l'outarde est d'une incroyable pussillanimité. Elle craint tout ce qui lui est inconnu, et les animaux, même les plus innocents, l'effraient autant que le chien qu'on lance à sa poursuite, et qu'elle devrait redouter davantage, comme chasseur. Il n'est point d'animal, si petit qu'il soit, qui ne puisse l'attaquer avec succès, dès qu'il entreprend de le faire. S'il la blesse, elle mourra de peur bien plutôt que des blessures. Il n'est qu'un animal que l'outarde ne craigne pas, c'est le cheval : elle vole toujours à sa rencontre, parce qu'elle trouve dans sa fiente les graines dont elle a besoin ; de là vient qu'on a supposé une sympathie entre ces deux animaux, sans penser que leur conformation et leurs habitudes les éloignaient trop, pour qu'un tel rapprochement fût possible.

Quand l'outarde est poursuivie, comme elle n'a d'autre défense que la fuite, elle s'y livre tout entière ; et réunissant tous ses moyens pour l'accélérer, elle parcourt plusieurs milles de suite sans s'arrêter. Les renards, au lieu de la prendre à la course, trouvent plus commode de l'attirer par la ruse jusque dans leurs pattes. Ils se couchent contre terre, et dressant leur queue, à laquelle ils cherchent à donner des inflexions naturelles au cou d'un oiseau, ils attendent l'outarde, qui, croyant voir un oiseau de son espèce, ne tarde point à les joindre : alors ils se détournent brusquement et la dévorent.

En automne, les outardes se rassemblent au nombre de cinquante ou soixante, et partent pour les pays méridionaux. On trouve cet oiseau en Lybie, en Syrie, en Grèce, en Espagne et en France, dans les plaines du Poitou et de la Bretagne pouilleuse.

LE PIGEON.

Le pigeon était fier et indépendant; il est aujourd'hui domestique. Mais s'il a perdu des avantages inappréciables, la liberté et le droit d'élire sa demeure, il a obtenu en revanche des douceurs qui doivent plaire sans doute à un animal aussi glorieux de son plumage et aussi satisfait en apparence des soins qu'on lui donne. Son colombier est disposé convenablement à ses habitudes : il y trouve tout ce que, dans l'état sauvage, il serait obligé de construire pour la ponte, et de plus des graines en abondance.

Dès le temps des Grecs on connaissait les pigeons de volière : Pline en fait mention. Il parle des curieux qui achetaient à un prix très-élevé de beaux pigeons de Campanie, et qui se plaisaient à raconter à leurs amis leur généalogie : des tours placées au-dessus du toit des maisons étaient la demeure habituelle de ces pigeons domestiques, véritables oiseaux de volière, beaucoup plus privés que ceux qui vivent dans nos colombiers.

On rapporte qu'à l'époque où le tirage des loteries avait lieu à Paris, avant que la clôture des mises fût prononcée en province, des spéculateurs qui ne voulaient jouer qu'à coup sûr, mettaient sous l'aile d'un pigeon les numéros sortis, et le lançait avec sa femelle qui se trouvait dans une des villes les plus voisines de la capitale. Un associé recevait la liste au moyen de ce messager, et faisait sa mise en conséquence.

Dans les colombiers du Caire, on avait, long-temps auparavant, usé du même moyen : des pigeons mâles, séparés de leurs femelles, étaient envoyés vers les villes dont on voulait avoir des nouvelles ; on les lâchait de ces villes, après les avoir fait bien manger, afin qu'ils ne s'arrêtassent point en route, et on leur attachait sous l'aile des tablettes sur lesquelles on trouvait la nouvelle demandée.

Le pigeon est en état de produire à huit ou neuf mois d'âge ; mais il n'est en pleine ponte qu'à sa troisième année. Cette pleine ponte dure jusqu'à ce qu'il ait atteint six ou sept ans, après quoi les pontes diminuent et deviennent de plus en plus rares : c'est vers la neuvième et dixième année qu'ils arrivent à la stérilité ; quelques-uns cependant produisent quelquefois jusqu'à douze ans. La femelle couve pendant dix-sept jours en été et dix-huit jours en hiver. L'attachement de la femelle pour ses œufs est si vif, si constant, qu'elle souffre les incommodités les plus grandes, les douleurs les plus cruelles plutôt que de les quitter. Une femelle, dont le panier avait été placé trop près de la fenêtre de la volière, ne quitta sa couvée que lorsque ses petits furent éclos, bien que ses pattes gelèrent et tombèrent par l'excès du froid.

Il est une remarque assez singulière, qu'il est facile de faire en fréquentant un colombier, c'est que le pigeon, non-seulement défend ses œufs, mais ceux de ses voisins, et qu'il reste très-indifférent sur le sort des pontes qui sont sur un autre côté. Il semble que plusieurs réunis dans une même partie de l'appartement, fassent entre eux un traité d'alliance défensive.

Les pigeons sauvages sont à ranger parmi les oiseaux voyageurs. C'est ordinairement en Afrique qu'ils vont passer l'hiver : ils s'y rendent par l'Espagne.

Autant le pigeon, dans l'état de liberté, est actif et prévoyant, autant il devient paresseux en servitude. On a vu des pigeons domestiques, accoutumés à recevoir de la main de l'homme une nourriture toute préparée, préférer mourir d'inanition plutôt que de quêter leur subsistance.

LA CAILLE.

La caille peut très-bien résister au froid, et cependant elle est de tous les oiseaux voyageurs celui dont les jours de départ sont réglés de la manière la plus constante. Les cailles passent constamment à Malte, vers le mois de mai, et y repassent au mois de septembre quand les vents les secondent ; car, d'un vol assez lourd, elles ont besoin d'être soutenues par des courants protecteurs, autrement elles sont contraintes à se réfugier sur les bâtiments ou à se laisser choir dans les flots. C'est en Afrique, c'est en Asie, qu'elles vont chercher la chaleur. Au moment de l'émigration, les côtes de l'archipel sont couvertes d'une quantité innombrable de ces oiseaux, et vers la fin du printemps, qui est l'époque de leur arrivée, il en tombe une multitude si prodigieuse sur les côtes occidentales du royaume de Naples, aux environs de *Kettuno*, que, sur une étendue de terrain de quatre à cinq milles, on en a pris en un seul jour jusqu'à cent milliers. Alors les chasseurs les abandonnent à huit francs le cent à des facteurs qui les expédient pour Rome, où elles doublent aussitôt de valeur.

En Angleterre seulement, les cailles ne font que changer d'exposition, et c'est le plus petit nombre qui se décide à quitter entièrement l'ile.

LA DEMOISELLE DE NUMIDIE.

Depuis plus de dix mille ans, les naturalistes ont désigné cet oiseau sous les noms de bouffon, de danseur, d'histrion. Ils se sont imaginé, et nous n'oserions décider ici jusqu'à quel point leur observation a été exacte, que cette espèce de hibou a dans ses gestes toute l'afféterie d'une femme coquette, qui veut déployer ses grâces et essayer quelques pas de danse. Aristote lui a donné le nom de bateleur, et a dit de lui qu'il contrefait ce qu'il voit faire. Pline, le naturaliste, regarde l'existence de cet animal comme fabuleuse, et le classe au rang des sirènes et des griffons. Buffon, après avoir relevé avec soin toutes les inscriptions que les anciens nous ont transmises à ce sujet, croit, et avec fondement sans doute, que la *demoiselle de Numidie* n'est autre chose que le hibou que nous nommons le *moyen-duc*. En admettant ce rapprochement, on expliquera les épithètes singulières que les anciens ont donné au moyen-duc, par cette trépidation continuelle à laquelle cet oiseau est sujet, comme tous ceux du même genre. Deux moyens-ducs, étant placés vis-à-vis l'un de l'autre, sembleront en effet danser, se balançant chacun tantôt sur un pied, tantôt sur l'autre. Ces mouvements bouffons appartiennent à presque tous les oiseaux de nuit, et ces récits extraordinaires se réduisent à des tourments de cou, une contenance étonnée, des claquements de bec, des mouvements dans les digitations des pattes, dont une est toujours en mouvement, tantôt en avant, et tantôt en arrière.

LE HOCCO.

Cet animal, paisible et sans défiance, est susceptible de familiarité et d'attachement. Sans peine il s'accomode avec les autres animaux domestiques, et il est difficile d'imaginer à la fois plus d'intelligence et plus de soumission. Pendant le jour il s'écarte de l'habitation, fait même de très-longues courses ; mais il revient le soir, heurte à la porte avec son bec pour se la faire ouvrir, et tire les domestiques par leur habit, dès qu'ils oublient de le soigner ou de lui offrir sa nourriture accoutumée. Enfin, il reconnaît son maître, éprouve pour lui un véritable attachement, et après avoir montré une vive inquiétude de son absence, il manifeste la joie la plus bruyante à son retour. Des mœurs aussi sociables, lorsque l'animal n'est point stupide, dénotent chez lui un grand fond d'instinct. Que le dindon, qui a quelque ressemblance avec le hocco, soit doux et soumis, il lui est impossible de se rebeller contre l'homme ; il manque de tout moyen de défense, et même il est trop lourd pour se soustraire à l'esclavage par la fuite : mais le dindon ne peut calculer sa domesticité ; c'est un état dans lequel il est né, dans lequel il reste sans le sentir, tandis que le hocco peut mettre en balance et son existence soumise à l'homme, et celle dont il jouirait dans la solitude des forêts. S'il se décide pour le premier genre de vie, il faut lui en savoir gré, car il a réfléchi avant de prendre un parti.

C'est dans le Brésil, au Pérou, à Cayenne, que le hocco se rencontre le plus fréquemment. De la grosseur de notre dindon, il est dans des proportions mieux calculées. Son plumage est noir, et sa tête surmontée d'une huppe noire et blanche, qui ressemble au cimier d'un casque.

LA PIE.

La pie, cet oiseau domestique, le bouffon du petit peuple, que La Fontaine et le langage familier ont appelée *margot*, est habile à contrefaire la voix des autres animaux et la parole de l'homme. Comme le corbeau, elle est très-portée au vol et fait de nombreuses provisions, ayant soin de séparer dans ses magasins et les aliments et les objets qu'elle a pris pour ses plaisirs, comme les métaux travaillés, les géodes, et tout ce qui brille aux yeux. L'histoire du malheureux procès de la *pie voleuse* est une preuve bien célèbre de cette assertion.

Le travail auquel se livre la pie pour attacher son nid au sommet des plus hauts arbres, et le soin avec lequel elle le construit, méritent d'être remarqués. Aidée de son mâle, elle le fortifie extérieurement avec des buchettes flexibles et du mortier de terre gâchée; puis elle le recouvre d'une enveloppe extérieure, fermée à claire-voie par de petites branches pourvues d'épines, et ce n'est que du côté le mieux défendu par les localités, du côté où l'accès est le moins facile, qu'elle réserve une ouverture, assez petite encore pour qu'elle ne puisse y passer qu'avec difficulté. Tout le travail offre un diamètre de soixante-cinq centimètres environ, tandis que le nid proprement dit, la partie sur laquelle les petits reposent, le matelas enfin, n'a que seize centimètres de diamètre. Rien n'est plus moelleux ni plus chaud que ce coussin orbiculaire, formé de la laine des quadrupèdes et du duvet de plusieurs graines. Toute cette construction, cependant se fait en un seul jour, et à peine si le mâle et la femelle, tant ils mettent d'ardeur et d'ordre dans cette occupation, ont besoin, le jour suivant, d'y ajouter quelque chose. Si ce nid est dérangé, de suite ils en construisent un second; si quelque pierre, lancée par la main de l'homme, porte encore dommage à celui-ci, ils s'établissent dans un troisième. Ils transportent leurs œufs de l'ancienne demeure dans la nouvelle, entre leurs doigts, ou, comme l'assure Pline, sur leur cou; les ayant attachés, avec un corps gommeux et en poids égal, aux deux extrémités d'une bûchette, ils passent la tête dessous celle-ci et l'enlèvent dans un parfait équilibre. Tant de précautions ne sauraient calmer la pie et rendre sa tendresse confiante. Elle est sans cesse au guet, et le moindre bruit, la chute d'une feuille, éveille ses soupçons et la remplit de crainte. Si une corneille approche de son nid, elle vole à sa rencontre en poussant de grands cris, et la harcèle jusqu'à ce qu'elle prenne une autre route. Si l'homme passe au pied de l'arbre où séjourne sa couvée, elle suit tous ses mouvements ; et même on raconte à cette occasion un fait prouvé par des remarques nombreuses, et qui n'est point sans intérêt : une pie qui voit entrer un homme dans une hutte construite au pied de l'arbre où est son nid, se pose sur une branche voisine de celle qui porte ses petits, et ne retourne auprès d'eux que lorsqu'elle a vu l'homme sortir de la hutte. Si on a voulu la tromper en entrant deux dans la cabane, tandis qu'un seul en est sorti, elle s'en aperçoit très-bien et ne rentre elle-même que lorsqu'elle a vu sortir et s'éloigner le second : il en est de même pour trois, pour quatre, et même pour cinq, et ce n'est que lorsqu'ils sont six, que le sixième peut, à son insu, ne pas sortir. L'appréhension nette du coup d'œil de l'homme ne s'étend pas beaucoup plus loin ; à moins d'une réflexion qui le porte à prendre note exacte du nombre de ses ennemis, il oublierait également le sixième, si, d'ailleurs, il ne les avait aperçus qu'à une certaine distance.

La pie domestique met beaucoup d'amour-propre à bien répéter les leçons qu'on lui donne, et on en a vu mourir de dépit lorsque leur langue se refusait à la prononciation d'un mot nouveau.

Plutarque rapporte qu'une pie très-causeuse, ayant entendu les fanfares d'un corps de cavalerie, devint muette au même instant, et que ce ne fut que quelques jours après qu'elle répéta, au grand étonnement de ceux qui l'entouraient, les airs joués par les trompettes, avec une parfaite ressemblance dans les tons et dans les différentes modulations, que, pendant le temps de son mutisme, elle avait sans doute repassés dans sa mémoire.

LE JACARINI.

Observé par Sonnini, à la Guyane, le jacarini, qui se tient ordinairement sur l'arbre qui produit le café, a offert un phénomène assez singulier, et qui semblerait lui mériter beaucoup plus justement le surnom de *bateleur* qu'à la demoiselle de

Numidie. Cet oiseau s'élève au-dessus de la branche sur laquelle il s'est d'abord perché, puis, ne faisant aucun mouvement, il se laisse tomber de trente-trois à soixante-cinq centimètres de haut jusqu'à ce qu'il la rencontre. Il vole de nouveau, toujours dans une direction verticale, ploie ses ailes, retombe, s'accroche à la branche, et recommence ses sauts, qu'il accompagne d'un petit cri de plaisir, jusqu'à ce que sa femelle, à laquelle il semble donner le spectacle, vienne le joindre, après l'avoir longtemps encouragé par sa présence, et l'arrache à cet exercice par ses agaceries et ses caresses.

LE ROSSIGNOL.

Ce chantre des bois, répandu dans presque toute l'Europe, est certainement le premier des musiciens qu'ait formés la simple nature. L'homme, l'homme seul produit des effets plus variés avec le secours de l'art; mais le roi des animaux, cet être de prédilection, aidé même de toutes ses méthodes, n'a pu parvenir à rendre le chant du rossignol, à le noter; et, bien que toutes les parties des concerts de cet oiseau se tiennent par des transitions, par des liaisons admirables, il n'en a fait sur la flûte qu'un tout discordant et bien éloigné du chant naturel. Nous nous bornerons à transcrire le passage suivant, dans lequel M. Guéneau, de Montbéliard, en rendant compte des sensations que lui a fait éprouver le chant du rossignol, se montre aussi habile écrivain qu'observateur fidèle.

« Il n'est point d'homme bien organisé à qui le nom de cet oiseau ne rappelle quelqu'une de ces belles nuits de printemps où le ciel étant serein, l'air calme, toute la nature en silence, et pour ainsi dire attentive, il a écouté avec ravissement le ramage de ce chantre des forêts. On pourrait citer quelques autres oiseaux chanteurs, dont la voix le dispute à certains égards à celle du rossignol : les alouettes, le serin, le pinson, les fauvettes, la linotte, le chardonneret, le merle commun, le merle solitaire, le moqueur d'Amérique, se font écouter avec plaisir, lorsque le rossignol se tait. Les uns ont d'aussi beaux sons, les autres ont le timbre aussi pur et plus doux, d'autres ont des tours de gosier aussi flatteurs, mais il n'en est pas un seul que le rossignol n'efface par la réunion complète de ces talents divers, et par la prodigieuse variété de son ramage ; en sorte que la chanson de chacun de ces oiseaux, prise dans toute son étendue, n'est qu'un couplet de celle du rossignol. Le rossignol charme toujours et ne se répète jamais, du moins jamais servilement; s'il redit quelque passage, ce passage est animé d'un accent nouveau, embelli par de nouveaux agréments; il réussit dans tous les genres; il rend toutes les expressions; il saisit tous les caractères : et, de plus, il sait en augmenter l'effet par les contrastes. Le coryphée du printemps se prépare-t-il à chanter l'hymne de la nature, il commence par un prélude timide, par des tons faibles, presque indécis, comme s'il voulait essayer son instrument et intéresser ceux qui l'écoutent; mais ensuite, prenant de l'assurance, il s'anime par degrés; il s'échauffe, et bientôt il déploie dans leur plénitude toutes les ressources de son incomparable organe; coups de gosier éclatants, batteries vives et légères, fusées de chants, où la netteté est égale à la volubilité; murmure intérieur et sourd qui n'est point appréciable à l'oreille, mais très-propre à augmenter l'éclat des tons appréciables; roulades précipitées, brillantes et rapides, articulées avec force, et même avec une dureté de bon goût; accents plaintifs, cadencés avec mollesse; sons filés sans art, mais enflés avec âme; sons enchanteurs et pénétrants, qui semblent sortir du cœur, et font palpiter tous les cœurs, qui causent à tout ce qui est sensible une émotion si douce, une langueur si touchante : c'est dans ces tons passionnés que l'on reconnaît le langage du sentiment qu'un époux heureux adresse à sa compagne chérie, et qu'elle seule peut lui inspirer, tandis que, dans d'autres phrases plus étonnantes peut-être, mais moins expressives, on reconnaît le simple projet de l'amuser et de lui plaire, ou bien de disputer devant elle le prix du chant à des rivaux jaloux de sa gloire et de son bonheur.

« Ces différentes phrases sont entremêlées de silences, de ces silences qui, dans tout genre de mélodies, concourent si puissamment aux grands effets : on jouit des beaux sons que l'on vient d'entendre et qui retentissent encore dans l'oreille ; on en jouit mieux, parce que la jouissance est plus intime, plus recueillie, et n'est point troublée par des sensations nouvelles ; bientôt on entend, on désire une autre reprise : on espère que ce sera celle qui plaît ; si l'on est trompé, la beauté du morceau que l'on entend ne permet pas de regretter celui qui n'est que différé, et l'on conserve l'intérêt de l'espérance pour les reprises qui suivront.

L'IBIS.

L'homme a besoin de dieux qu'il puisse voir, mais de dieux qui ne parlent pas. Si on ne lui offre qu'une pure essence, un être existant, sans doute, mais, à cause de l'éloignement où il est de lui, seulement intellectuel pour son esprit, il refuse de s'occuper d'une idée abstraite. Un dieu qui parlerait, et ne serait qu'un dieu comme tous ceux qu'il a tour à tour adorés de convention, ne tarderait pas, par la faiblesse attachée à l'humanité, à tomber dans quelque erreur, et à se démasquer lui-même : il faut à l'homme, pour lui représenter Dieu, pour qu'il ait un motif de culte, des statues, des oignons, des animaux, des dieux enfin qu'il voie, et qui ne puissent communiquer avec lui.

C'est dans cette nécessité qu'il faut chercher le motif de l'adoration dont l'ibis a été l'objet chez les Égyptiens ; et si l'on veut remonter jusqu'aux causes qui ont fait choisir cet oiseau de préférence à tout autre, il faut se reporter à ce temps dont parle Hérodote, *où des essaims de petits serpents venimeux, sortis des marais, avaient envahis une partie de l'Egypte, fléau que la chaleur du climat rendait indestructible, en aidant la fé-*

*condation, et qui eût infailliblement causé la ruine
de l'Egypte, si les ibis ne fussent venus à sa rencontre pour en délivrer la terre.* Trop rares sont
encore les superstitions ridicules qui, comme
celle-ci, ont pour origine la reconnaissance. L'erreur est plus pardonnable, quand elle a pour motif une vertu.

On retrouve l'ibis dans tous les monuments de
l'Égypte : c'est la figure nécessaire de toutes les
phrases hiéroglyphiques. Les ibis étaient sacrés,
inviolables, et l'Égyptien, coupable d'attentat
contre la vie d'un ibis, était puni de mort à l'instant même.

Aujourd'hui l'ibis, bien déchu de sa gloire
passée, sert d'ornement à la boutique de quelques-
uns de nos apothicaires, et c'est comme inventeur
du clystère qu'il tient cette place honorable. Des
historiens dignes de croyance ont assuré que cet
oiseau, dont le bec est extrêmement long, l'em-
plit d'eau, ainsi qu'une partie de son arrière-bec,
et qu'en ayant introduit l'extrémité pointue dans
le *rectum*, il chasse cette eau, qu'il prend de préférence salée, au moyen d'une très-forte expi-
ration L'ibis répète cette opération de pharmacie
toutes les fois qu'il a mangé quelque substance
d'une digestion difficile.

10.

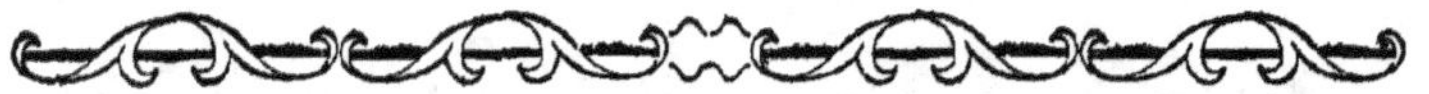

DES OVIPARES

ET DES SERPENTS.

Les quadrupèdes rangés sous cette dénomination produisent leurs petits comme les oiseaux, en pondant, et ces œufs, bien que différents de ceux des oiseaux par la mollesse ordinaire de leur enveloppe, en ont la forme et ne produisent l'animal dont ils renferment le fœtus que quelque temps après la ponte. De là est venu le nom d'ovipares, qui vient des deux mots latins *parere*, enfanter, et *ova*, œufs.

Cette classe d'animaux nous a fourni peu d'exemples remarquables du genre de ceux que nous rassemblons ici, et cela tient à ce que la plupart ont une circulation lente, froide, qui leur interdit un grand nombre d'actes permis aux quadrupèdes. Ils offrent bien les mêmes sens que l'on remarque chez les animaux que nous avons déjà observés, mais la vue est chez eux en un degré si faible de perfectionnement que leur intelligence n'a pu être que très-bornée.

Quelques ovipares habitent des endroits secs, élevés; mais le plus grand nombre s'établit sur le bord des eaux et au fond des cavernes humides.

Ils peuvent rester très-longtemps sans prendre de nourriture, et le crocodile a vécu une année entière sans manger. Comme les animaux maîtres de leur appétit, ils sont, pendant l'hiver, dans un état d'engourdissement dont la chaleur peut seule les faire revenir.

L'animal qui a une vie lente en use moins vite les ressorts : les ovipares vivent très-longtemps.

Les serpents, les reptiles ont avec les quadrupèdes ovipares les plus grands rapports. La vie, chez quelques-uns d'entre eux paraît cependant plus active. Une différence remarquable les a fait ranger d'ailleurs dans une division séparée : c'est l'absence des pattes et la faculté de se diriger par l'application les uns sur les autres, et le déploiement successif des anneaux qui composent leur corps.

Les serpents, moins actifs que les animaux des premières classes, pourvus de sens moins étendus et moins parfaits, ont aussi moins d'intelligence et moins d'industrie.

LA CAOUANE.

Cette espèce de tortue marine est remarquable par un corps ovalaire et trois rangées d'écailles, dont celles moyennes sont plus relevées en bosse, et qui toutes sont environnées de dentelures très-aiguës. Sa couleur est d'un jaune brillant, parsemé de taches noires, et ses pieds très-allongés, ressemblent à des nageoires, tant ils sont garnis de membranes.

La caouane, plus forte que les autres tortues, a l'air plus fier, plus belliqueux, et paraît aussi plus vorace. Elle a besoin d'une nourriture plus substantielle que les plantes marines ; et ce besoin la rend industrieuse, et la porte à mettre en œuvre mille moyens pour attaquer avec avantage des animaux beaucoup plus forts qu'elle. Elle va jusqu'à détruire le crocodile, et la ruse dont elle se sert pour le combattre avec supériorité est très-ingénieuse : elle l'attend dans les chemins creux situés le long du rivage, et dans lesquels il ne peut se retourner, dès qu'il s'y trouve engagé. Elle le prend alors par derrière, et, n'ayant plus à redouter ses terribles mâchoires, elle lui dévore une partie de la queue pour son premier repas.

La caouane a presque autant de courage que d'a-dresse; et quand elle est attaquée, elle mord avec opiniâtreté, et se débat sans calculer la force de son ennemi, ni les pertes qui peuvent en résulter pour elle.

LA TORTUE BOURBEUSE.

Cette espèce, qui naît, habite et meurt dans les eaux douces, plus petite que tous les autres genres de la même famille, a l'aspect d'un lézard qui se-rait couvert d'un bouclier écailleux.

On la trouve non-seulement dans les climats tempérés et chauds de l'Europe, mais encore en Asie, au Japon, dans les grandes Indes, etc. Elle passe à terre une partie de l'été, et presque tout l'automne, dans une fosse ou trou qu'elle a eu soin de creuser avant d'être absorbée par cet état de torpeur qui bientôt va s'emparer d'elle. Au prin-temps, elle change d'asile et passe tout le temps dans l'eau, à la surface de laquelle elle s'étend, dès que le soleil vient l'échauffer de ses rayons.

Dans les jardins, elle peut devenir domestique, et rendre les plus grands services au propriétaire; car sans lui faire payer ses soins par le moindre dégât, elle fait la chasse à tous les insectes, et

surtout au limaçon. Son voisinage ne devient nuisible qu'à celui qui possède des étangs, qu'elle ne
tarde pas dépeupler entièrement. Son adresse est
grande pour atteindre le poisson, et ne se laissant
pas effrayer par sa grosseur, elle supplée à la force
par la ruse : elle plonge et remonte sous le milieu
du ventre du poisson qu'elle veut immoler à son
appétit. Elle lui ouvre le côté par une morsure
cruelle, et ne l'abandonne que lorsqu'il a perdu
une assez grande quantité de sang pour ne pouvoir plus lui résister : alors elle l'entraîne au fond
des eaux, et, dans son avidité, elle n'épargne que
les arêtes.

Une espèce de la même famille, qui n'habite
que la terre, et pour laquelle le poids de l'écaille
doit être plus sensible, puisqu'il n'est point allégé
par l'eau, c'est la tortue grecque ou tortue terres-
tre que l'on rencontre fréquemment sur le sol de
la Grèce, et qui se trouve également dans quelques
contrées tempérées de l'Europe. Sans industrie,
et n'ayant d'intelligence que la somme accordée
aux tortues en général, elle a offert, mise en expérience par Rédi, un fait assez remarquable pour
que nous ne le passions pas sous silence. Ce savant naturaliste ouvrit le crâne d'une tortue grecque, et enleva toute la masse cérébrale, ayant eu

soin d'essuyer l'intérieur des os. Les yeux de la tortue s'éteignirent dès que l'opération fut achevée, et sa marche devint incertaine ; mais sa vie ne fut pas anéantie sur-le-champ, et ce ne fut que six mois après qu'elle mourut. On peut juger si un animal, à l'existence duquel le cerveau peut demeurer étranger, est capable de beaucoup d'intelligence.

L'espèce qu'on nomme la *tortue grecque* est la plus commune en Europe. Elle habite le littoral de la Méditerranée. Elle se creuse un trou pour y passer l'hiver, et y pond quatre ou cinq œufs semblables à des œufs de pigeon.

LE CROCODILE.

Il est à remarquer que plus l'animal semble destiné à habiter le voisinage des eaux, plus il a de grandes dimensions ; comme si la nature n'avait accordé un corps lourd et difficile à porter qu'aux individus qui devaient soutenir, par la force élastique de l'eau, une portion de leur masse.

Le crocodile est un des grands modèles de la création, et tout paraît avoir été disposé chez lui pour le rendre redoutable aux autres espèces. Il a la gueule ouverte jusqu'aux oreilles, et ses mâchoires, qui ont quelquefois plusieurs décimètres de longueur, et qui contiennent soixante et quelques dents aiguës, la plupart incisives, sont surtout propres à servir ses appétits gloutons. Tout, jusqu'à sa vue, peut terrasser son ennemi : en effet, dépourvu de lèvres, il a toujours l'air de lui montrer son terrible râtelier, et de menacer sa vie. Une armure impénétrable suffit à la défense de cet animal, déjà si bien armé pour l'attaque.

C'est dans l'éducation de ses petits et le soin que réclament ses œufs, que le crocodile développe quelque industrie. Quand la femelle prévoit l'époque de sa ponte, elle prépare, assez près des eaux qu'elle habite, un petit terrain élevé et creux dans son milieu : c'est dans ce creux qu'elle dépose sa ponte, après avoir eu soin de le garnir de feuilles et de débris de plantes. Ce travail a lieu en avril, et il est à remarquer, comme une bizarrerie assez singulière, que l'œuf qui doit contenir un animal de forme presque gigantesque, n'est pas plus volumineux qu'un œuf de poule. Les petits crocodiles sont repliés sur eux-mêmes tant qu'ils restent sous cette enveloppe, et ils n'ont que treize ou seize centimètres quand ils s'en débarrassent. A peine éclos, les petits courent se jeter dans l'eau, où ils trouvent plus d'aliments et un refuge contre les chasseurs.

Aussi rusé que cruel, le crocodile, las d'attendre dans une immobilité parfaite que les courants lui apportent quelque proie, se décide souvent à aller la chercher ; alors il attaque les béliers, les taureaux, enfin de préférence les animaux les plus grands. Il plonge et nage entre deux eaux, il vient surprendre l'animal en dessous et lui ouvre les entrailles, ou parfois encore il le saisit par les jambes, se met à nager avec une vitesse extrême, et l'entraine au milieu de l'eau, où il parvient aisément à le noyer.

On a vu des crocodiles se dresser contre de petits bâtiments, et pénétrant la nuit sur des canots dont les marins étaient endormis, les mettre tous à mort, et en faire un seul repas, après les avoir coupés par morceaux.

LE LÉZARD GRIS.

Nous avons avancé en principe, et c'est, nous le croyons au moins, une idée vraie, que plus l'animal est sociable, plus il a d'intelligence. Sa sociabilité nous a paru une preuve morale et irrécusable de la perfection de ses facultés intellectuelles. C'est en continuant d'envisager les animaux d'après cette donnée, que nous classons ici le lézard gris, le plus innocent de tous, celui que ses inclinations ont fait surnommer l'ami de l'homme. Il lui rend caresse pour caresse, et le lèche avec sa petite langue, dès qu'il en reçoit un bon office. D'ailleurs son organisation très-faible ne lui permet pas de fournir une preuve physique de cette intelligence, qui lui a été probablement départie avec une grande munificence.

LE CRAPAUD.

Cet animal immonde, depuis si longtemps l'objet de notre dégoût, et qui mérite à plus d'un titre cette constante réprobation, n'est point aussi dangereux que le pense le vulgaire, et même il observe dans sa vie intérieure des convenances de société qui pourraient le relever à nos yeux, si sa masse sale et informe ne nous le rendait point irrévocablement odieux. Quelques variétés sont éminemment venimeuses, et voilà qui a suffi pour que l'anathème fût prononcé contre la race entière : la prudence le veut ainsi.

Cet animal, qui ne sort de sa demeure obscure et humide que pendant la nuit, n'est cependant point incapable d'une éducation en quelque sorte domestique, et c'est, comme nous l'avons observé plusieurs fois, une présomption favorable en faveur de l'intelligence de l'animal, que cette soumission aux volontés de l'homme.

On cite l'exemple d'un crapaud qui a vécu trente-six ans dans la maison où il avait été élevé.

« Il n'y avait point acquis cette sorte d'affection que l'on remarque dans quelques espèces d'animaux domestiques, et qui était trop incompatible avec son organisation et ses mœurs ; mais il y était devenu familier. La lumière des bougies avait été pendant longtemps, pour lui, le signal du moment où il allait recevoir sa nourriture ; aussi non-seulement il la voyait sans crainte, mais même il la cherchait. Il était déjà très-gros lorsqu'il fut remarqué pour la première fois ; il habitait sous un escalier qui était devant la porte de la maison ; il paraissait tous les soirs au moment où il apercevait de la lumière, et levait les yeux comme s'il eût attendu qu'on le prît et qu'on le portât sur une table, où il trouvait des insectes, des cloportes, et surtout de petits vers, qu'il préférait peut-être à cause de leur agitation continuelle ; il fixait sa proie, il lançait sa langue avec rapidité, et les insectes ou les vers y demeuraient attachés, à cause de l'humeur visqueuse dont l'extrémité de cette langue est enduite.

« Comme on ne lui avait jamais fait de mal, il

ne s'irritait point lorsqu'on le touchait; il devint l'objet d'une curiosité générale, et les dames mèmes, demandèrent à voir le crapaud familier.

« Il vécut plus de trente-six ans dans cette espèce de domesticité, et il y aurait vécu plus de temps peut-être, si un corbeau apprivoisé comme lui, ne l'eût attaqué à l'entrée de son trou, et ne lui eût crevé un œil, malgré tous les efforts qu'on fît pour le sauver. Il ne put plus attraper sa proie avec la même facilité, parce qu'il ne pouvait juger avec la même justesse de sa véritable place : aussi au bout d'un an, périt-il de langueur. »

Des observations faites sur ce crapaud domestique sembleraient prouver qu'on a de beaucoup exagéré ce qui a été dit sur leurs goûts sales et sur leur méchanceté.

LA COULEUVRE.

Fort innocente, la couleuvre est souvent victime de sa ressemblance avec le serpent. La couleuvre devient très-familière, et il n'est pas sans exemple d'en avoir vu qui suivaient leurs maîtres, paraissaient les chérir, et reconnaître jusqu'à leur manière de rire et de tousser. On en vit suivre le bateau dans lequel leur maître était porté, et aujourd'hui dans la Sardaigne, c'est l'élève le plus aimé de toutes les maisons, et l'animal de prédilection de toutes les dames.

LE BOIZA.

Le boiza est un des serpents les plus minces par rapport à sa longueur : à peine ceux que nous possédons dans la collection du Muséum d'histoire naturelle ont-ils, sur une longueur de plus d'un mètre, quelques millimètres de diamètre : c'est une anguille extrèmement déliée. A ces proportions très-sveltes, les boizas joignent une grande richesse de parure : aussi rien n'est-il plus curieux que de les voir se lancer avec rapidité, s'entortiller autour d'un tronc, monter, descendre, et faire briller en un clin d'œil, sur les rameaux des arbres qu'ils ont choisis pour leur demeure, l'azur et l'or de leurs écailles.

Ce serpent se tient en embuscade et caché sous les feuilles ; il y attend les oiseaux, qu'il attire par un petit sifflement qu'ils prennent pour le chant mal prononcé de quelqu'un des leurs. Ainsi que les grands serpents, il se roule sur sa proie après l'avoir sacrifiée, et l'entortille de ses nombreux anneaux. Il l'allonge en la comprimant, précaution indispensable, sans laquelle il lui serait imposible de l'avaler. Plusieurs serpents remédient, par ce même procédé, à l'étroitesse de leur gosier.

LE SERPENT A SONNETTE.

C'est le nom qu'on donne à des reptiles dont la queue est terminée par un assemblage d'écailles sonores, et occasione, quand il se met en mouvement, un bruit étrange qui avertit de son approche. Les mouvements de ce serpent sont souvent très-rapides. En un clin d'œil, il se replie en cercle, s'appuie sur sa queue, et se précipite sur sa proie.

LE DEVIN.

Le devin tient la même place parmi les serpents que le lion parmi les quadrupèdes, que l'aigle parmi les oiseaux. Sa forme gigantesque, sa force, en rapport avec ses proportions démesurées, lui assurent une domination à laquelle l'homme seul ose s'opposer : il habite les plaines sablonneuses de l'Afrique, et il est probable que cet énorme reptile, contre lequel l'armée romaine se vit contrainte d'établir un siége, n'était autre qu'un devin. Ce serpent énorme n'est pas moins à distinguer par sa force prodigieuse que par la beauté de ses écailles, et la richesse et la variété de leurs couleurs. Au reste, sa robe est différente, selon son âge et son sexe. Sa longueur est quelquefois de dix mètres. Tant de propriétés imposantes, rassemblées dans le même individu, ont inspiré à plusieurs peuplades sauvages des idées de dévotion, qui naissent plus souvent de l'effroi que de l'amour inspiré par l'objet du culte, et aujourd'hui il est encore au Mexique des préjugés populaires qui font du *devin* un agent surnaturel, un ministre des vengeances célestes. A une époque antérieure, des victimes humaines lui furent sacrifiées, et des prêtres barbares, la hache à la main, abattaient la tête de leurs semblables devant les hôtels du serpent.

Quand ce monstrueux reptile est poussé par la faim, il serait impossible de l'attaquer avec le fer, et on ne parvient à l'arrêter dans sa marche qu'en incendiant toute la campagne. Les hautes herbes desséchées et les broussailles s'enflamment, et le devin, poussant un sifflement affreux, a bientôt regagné la solitude du désert.

Le devin fait preuve d'une rare intelligence, en appréciant d'une manière exacte la force de la proie qu'il veut immoler : aussi, lorsqu'il la croit redoutable, n'approche-t-il point par degrés ; il se précipite dessus de très-loin, et par quelques replis, l'entortille et l'étouffe. On entend, lorsqu'il les saisit de la sorte, craquer les os de ses victimes.

Cependant l'homme aborde ce monstre, pendant qu'une digestion laborieuse le tient dans un état de torpeur, et lui passe au cou le lacet qui doit l'étrangler.

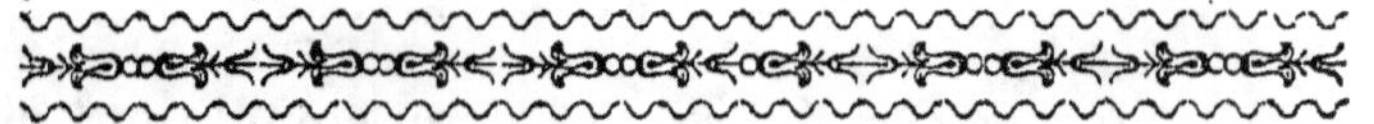

LES POISSONS

Nous n'essaierons pas de déterminer quelles différences existent entre la circulation du sang chez les poissons et chez les animaux qui occupent la terre et l'air; nous ne tiendrons pas compte des empêchements qui doivent résulter, pour leur industrie, du lieu même qu'ils habitent, de l'absence presque générale de membres qui puissent saisir, et nous nous contenterons, sans entrer dans tous ces détails, qui nous conduiraient à des raisonnements de physiologie et de physique trop au-dessus du genre de cet ouvrage, de faire admirer combien le Créateur est au-dessus de ses œuvres, et comment, par les moyens les plus simples, il remédie aux obstacles qui seraient insurmontables, s'ils étaient opposés à l'homme.

11.

Des masses considérables d'eau semblaient devoir se pétrifier, et porter dans tout le globe la désolation et la mort. L'agitation des vagues et un peu de sel ont remédié à cette cause effrayante de destruction.

Mais cette masse d'eau salée, quelque préparation que l'homme lui fasse subir, ne peut lui servir de boisson, c'était donc une quantité d'eau qui fût restée stérile, un espace considérable, plus de la moitié du globe sacrifié. Dieu créa les poissons, et par un mystère qu'il appartient à lui seul de concevoir, ces habitants de l'eau salée, qui nagent sans cesse au milieu de ses flots, qui l'avalent et la rejettent continuellement, n'ont aucune des propriétés délétères de cette eau marine, et leur chair devient un des mets les plus délicats.

Assurément si les grands poissons avaient fréquenté nos côtes, ils auraient détruit, effrayé ceux qui servent à nous nourrir. Le Créateur, pourvoyant aux besoins de l'homme avec une sollicitude toujours active, voulut que ces monstres marins n'osassent point approcher des côtes, dans la peur d'y échouer, et par cette conséquence de leur force, il les exila dans la haute mer, où ils ne gênent en rien ni notre pêche ni nos repas.

LA MOULE, LA SOLE, ETC.

Les poissons ont peut-être beaucoup moins d'instinct que les animaux des autres classes, ou pour mieux dire, ils sont tellement éloignés de nous par une organisation toute différente de la nôtre, que nous ne saurions les observer avec succès, les comprendre dans leurs relations entre eux, et que l'insuffisance de nos moyens d'observation nous les fait accuser eux-mêmes d'insuffisance; car il est à remarquer que l'homme n'admet jamais l'existence des choses auxquelles il ne peut atteindre; c'est une des preuves les plus convaincantes qu'il puisse donner de son amour-propre.

Au reste, les poissons émigrent à diverses époques; le départ se fait au jour fixé, et avec ordre. Il est probable que ces rassemblements ne sont pas produits par le hasard, et qu'ils sont réglés par des dispositions prises en commun et ponctuellement suivies.

Les poissons sont d'ailleurs presque tous guerriers, ce qui suppose encore un calcul et une certaine industrie.

La moule se tient en embuscade sur le gravier :

elle entr'ouvre ses écailles, et dès qu'un petit crabe, qui ne connaît pas le danger, s'avise d'y entrer, elle les referme avec une telle précipitation qu'il y reste prisonnier. L'huître a les mêmes moyens physiques à sa disposition, et se sert de la même ruse.

La sole, conduite par le même besoin, l'appétit, se tient dans une eau bourbeuse et grisâtre comme sa peau, et évitant, par ce rapprochement de couleur, d'être aperçue par les gros poissons, elle les observe saus courir aucun danger. Elle épie leurs différents tours, et s'assure du lieu où leur femelle a déposé ses œufs; puis elle attend que les mâles soient venus les féconder, en les couvrant de leur laite. Alors elle les juge plus délicats et plus nourrissants; elle se met en route, va les retirer du trou où ils avaient été soigneusement déposés, et fait un repas succulent, qui lui donne bientôt à elle-même une graisse et une saveur parfaite.

Nous ne voyons si souvent le merlan sur nos côtes que parce qu'il s'y réfugie pour échapper à la chasse que lui donne la morue.

Les petites soles, à leur tour, servent de nourriture aux salicoques, aux crevettes, et, depuis les plus gros animaux jusqu'aux plus petits, tout est

en action, tout est en guerre. Ce ne sont que ruses, fuites, détours et violences.

Il semblerait, en voyant ainsi tous les poissons
s'entre-détruire, s'entre-manger, qu'au bout de
quelque temps les espèces devraient disparaître :
mais les ouvrages de Dieu sont impérissables, et
tous les cas ont été prévus de manière qu'aucun
n'est resté possible, qui aurait contrarié la marche
de l'univers et les combinaisons du grand œuvre
de la création.

Pour que l'espèce des poissons fût à l'abri de
la destruction, le ciel accorda à tel poisson la
force, et à tel autre la légèreté, à un troisième la
prévoyance du danger et la conscience de sa faiblesse. Il voulut que leur fécondité surpassât leur
ardeur naturelle à se dévorer, et que la cause de
la reproduction l'emportât sur toutes celles qui
devaient détruire.

L'expérience suivante montre l'extrême fécondité de la morue. — On compta le nombre d'œufs
contenus dans 4 grammes, puis on multiplia ce
nombre par le nombre de fois 4 grammes contenus dans la masse; il résulta de l'opération que
la morue portait neuf millions trois cent quarante-
quatre mille œufs. Après un tel calcul on n'admet
plus que la destruction des poissons soit possible.

L'ERMITE.

Cet ermite est un parasite éhonté, qui, bien qu'il ait reçu de la nature une écaille pour se mettre à l'abri des chocs étrangers et du mauvais temps, va sans cesse habiter chez les autres; c'est un paresseux qui a été pourvu de bras, et qui pouvant vivre honnêtement, ne cherche qu'à subsister par les vols et les ruses les plus condamnables.

Il est armé de pinces, et il s'en sert pour disputer la coquille qu'il veut habiter, à son véritable propriétaire ou au premier occupant qui s'en serait emparé avant lui. Dès qu'il acquiert un peu de développement, il s'y trouve trop à l'étroit, et abandonne cette première demeure pour aller en chercher une autre plus vaste, sur laquelle ses droits ne sont pas mieux fondés, et qu'il acquiert de la même manière, avec aussi peu de formes, aussi peu de justice.

LE NAUTILUS.

Ce coquillage est d'une forme trop bien calculée, les mouvements du petit animal qui l'habite sont trop bien réglés, trop bien mesurés, pour qu'il ne mérite pas, quoique le seul de sa classe, d'être au moins cité en cet ouvrage. Cette coquille est d'une seule pièce : c'est un bateau naturel, avec une véritable quille, dont la poupe se relève avec grâce, et qui réunit tout ensemble la solidité, la légèreté la plus grande, et les couleurs les plus brillantes.

Quand le temps est calme, le petit poisson sort de sa coquille une voile, membrane concave et légère, qu'il dirige de manière à prendre le vent tandis qu'il allonge aussi deux bras qui lui servent comme de rames, pour faire avancer la chaloupe qui le porte. Le temps devient-il orageux, la vague trop forte fatigue-t-elle ses parties charnues, il les retire, et la coquille descend quelque peu sous l'eau; sans avoir alors à redouter l'effet de la tempête, il se laisse porter au gré de la vague et à de très-grandes distances.

DES INSECTES

L'histoire de cette classe nombreuse de petits
animaux, auxquels on a donné le nom d'insectes,
est si curieuse, elle amuse et instruit si agréable-
ment, qu'il serait superflu de s'étendre ici sur les
avantages que l'on peut retirer de son étude.

Un fait généralement avoué, c'est que plus on
y fait de progrès, plus elle devient attrayante,
plus elle a de charmes. Avec tant d'agrément, on
doit être étonné que l'étude des insectes ne soit
pas plus suivie ; car cette science, comme le dit
fort bien Bazin, dans son *Abrégé de l'histoire des
insectes*, semble être faite pour la jeunesse, âge
dans lequel les goûts se forment, et persistent
pendant toute la vie ; et pour les femmes, qui
mettent toutes choses à la mode, la diversité dans
cette science est infinie : partout la variété y
brille, et il n'y faut presque que des yeux.

Les poissons, les oiseaux, et surtout les quadrupèdes sont plus connus que les insectes, bien qu'ils n'offrent rien de plus singulier ni de plus intéressant, mais ils frappent les yeux les moins attentifs ; leur grosseur semble, aux yeux de bien du monde, leur donner plus d'importance, et justifier en quelque sorte le temps que l'on passe à s'occuper d'eux. Le vulgaire n'a point pour les insectes les mêmes égards, il les écrase du pied, et mesure le mérite de l'animal aux dimensions de sa taille. Combien cependant de plus forts animaux sont moins favorisés par la nature que ces mêmes insectes ! Quelle sagacité n'ont-ils pas, et combien est riche leur parure ! Quelle diversité de formes et de couleur la nature s'est plu à répandre dans leurs vêtements ! L'or, l'argent, l'azur, et tout le feu des pierres précieuses, sont étalés de tous côtés. Ces insectes, si dédaignés, auraient bien souvent lieu de s'enorgueillir en se comparant aux quadrupèdes, souvent si massifs et si grossiers relativement à eux.

On entreprend de longs voyages pour aller examiner le quadrupède dans ses déserts, prendre la nature sur le fait, et recueillir des observations, tandis qu'il n'est besoin que de regarder autour de soi pour découvrir des animaux bien surprenants encore, habitants de nos maisons, de nos jardins, et que rien n'éloigne de notre observation.

Séaumur, à qui nous devons des mémoires fort intéressants sur les insectes, exprime la même idée avec une grâce et une vérité qui n'appartiennent qu'à lui : « Il n'est pas besoin, dit-il, d'aller dans « le Nouveau-Monde pour découvrir des animaux « de formes nouvelles et surprenantes, il ne faut « que faire plus d'usage de nos yeux pour bien « regarder ce qui nous environne : un seul chêne, « peuplé de tous les insectes qui peuvent s'élever « sur ses feuilles et sur ses branches, fournirait, « dans la plupart des saisons de l'année, et dans « presque toutes les heures du jour, des nouveau- « tés amusantes. »

» Sans sortir d'un parc, dit Bazin que nous « venons de citer tout à l'heure, on peut, en chan- « geant de terrains, passer, pour ainsi dire, dans « une terre étrangère, découvrir de nouveaux « peuples…, une infinité de nations différentes, « dont les uns campent à la manière des Tartares, « les autres demeurent dans des villes, des bourgs, « des villages ; d'autres dans des maisons disper- « sées, solitaires, et chacun a ses arts, sa manière « de vivre, de se vêtir et de chasser. »

Tout cela sans doute a bien de quoi piquer vivement la curiosité des personnes qui aiment à s'instruire, et nous n'ajoutons pas le plaisir qui résulte de pouvoir, dans son appartement même, loger une collection des animaux que l'on étudie : ce que l'on peut faire en étudiant les insectes, l'échiquier à la main ; tandis que pour élever des quadrupèdes, des oiseaux, il faut des parcs, des biens immenses et une grande fortune.

Pluche, dans son *Spectacle de la nature*, a remarqué aussi que les insectes n'étaient pas mis à l'abri d'un certain dédain pour les merveilles de leur organisation. Dieu cependant prit soin de les vêtir, de les armer, de les pourvoir de tous les instruments nécessaires à leur état, et c'est souvent dans un point inapercevable pour nos yeux, qu'il a établi une circulation, une progression lente, mais sensible pour l'animal qui l'exécute, et un nombre incroyable de vaisseaux et de liqueurs. On admire l'ouvrier qui, aidé des arts mécaniques, a atteint une exécution complète et un fini admirable dans une composition en quelque sorte miniature ; quelle admiration ne devraient donc pas nous commander ces merveilleuses productions, où tout est grand, précisément parce que tout est infiniment petit.

Ce n'était point assez de leur avoir donné de riches habits, il leur fallait des armes : et les uns ont des stylets, d'autres de véritables tarières qui les aident à creuser le bois pour déposer leurs œufs, ou pour en construire des édifices ; celui-ci est armé de deux pinces à dentelures de scie, et bien articulées ; celui-là porte un dard empoisonné ; ce troisième, outre la cuirasse qui protége sa poitrine, a le corps tout entier couvert de poils qui le préservent de l'humidité et de l'atteinte de corps environnants.

Ils ne sont pas moins bien organisés quand ils se voient contraints à fuir devant un ennemi trop fort. Les uns se laissent glisser le long d'un fil, et restent suspendus au milieu de l'air, où leur ennemi ne saurait ni les poursuivre ni les saisir ; d'autres ont une élasticité dans les pattes, qui les lance à une distance immense, relativement à la longueur de ces mêmes membres ; enfin, les plus petits insectes sont pourvus d'une certaine adresse, et où manque la force la ruse commence.

Tous les insectes n'ont-ils pas des antennes ? Ces petites cornes, douées d'une sensibilité extrême, et qui protégent leur marche en leur servant de sondes dans les ténèbres et sur les terrains qui leur sont inconnus : ces corps avancés sont plus propres que nos sourcils à défendre le globe des yeux, au-dessus desquels ils sont ordinairement attachés.

Quelques insectes, enfin, ont des corps globuleux fixés au-dessous des ailes, qui semblent deux petites vessies destinées à leur rendre le vol plus facile, et peut-être à leur procurer une musique qui les aide à communiquer entre eux. Lorsque la fureur les transporte, leurs ailes frappent sur ces sortes de timbales, et il en résulte un bruit qui annonce la guerre.

Nous recommandons surtout les insectes à nos jeunes lecteurs, car plus les individus sont petits, plus il faut d'observation pour réussir dans leur étude, et on ne pense peut-être pas assez combien il est utile d'inspirer de bonne heure au jeune homme ce goût d'observer, qui seul peut perfectionner le jugement, la plus précieuse de toutes les facultés intellectuelles.

LE FOURMI-LION.

Nous ne saurions nous le dissimuler, cette nature qui ne devait conseiller les animaux que pour les fins les plus louables, semble avoir été plus prodigue d'instructions, quand il a fallu les disposer au combat, à la défense ou à l'agression, que lorsqu'elle devait leur apprendre à élever leurs petits, à construire leur habitation. Serait-ce donc que chez les animaux, comme chez l'homme, il y a plus de ressources pour le mal que pour le bien ?

Le fourmi-lion est en apparence peu favorisé dans son organisation ; il n'a point d'ailes, ni même de pieds pour s'avancer sur sa proie, et cependant il ne la laisse jamais échapper, bien qu'il ne puisse marcher qu'à reculons. Son corps, d'une teinte grisâtre, est composé d'anneaux plats, qui glissent l'un sur l'autre, et c'est, à bien dire, un animal rampant ; car ses six pieds, dont deux sont attachés à son cou et les quatre autres à sa poitrine, sont trop courts pour aider sa progression d'une manière sensible. De la longueur du cloporte commun, cet insecte a le corps arrondi et la tête longue et plate, armée de deux petites cornes lisses recourbées par leur extrémité. Sa vue, extrêmement délicate, l'avertit du moindre danger, de l'approche des insectes et des oiseaux qu'il pourrait redouter ; aussi est-il très-multiplié dans les endroits qu'il choisit pour son domicile.

Comme nous venons de le dire, le fourmi-lion ne court point après sa proie, et s'il fallait, pour l'atteindre, qu'il fît un pas vers elle, il périrait d'inanition ; mais le Créateur qui sait en quoi peut être utile à son grand ouvrage chacun des êtres qu'il a créés, et qui, pour conserver dans l'univers une parfaite harmonie, a pris soin de maintenir toutes les relations qui la produisent, n'a point voulu qu'une créature, une partie de son tout sublime ne pût veiller à sa conservation, ou manquât des aliments qui lui étaient nécessaires : aussi, comme il attacha le polype immobile au milieu des parties qui le nourrissent, il donna au fourmi-lion les moyens de chasser, non en plaine, mais à l'affût, les cloportes dont sa table est surtout servie.

C'est au milieu d'un sable sec, près d'un arbre ou d'une cabane, dont les branches ou les toits avancés protégent son travail contre les inondations, que notre insecte chasseur établit son embuscade et la fosse dans laquelle il veut faire tomber son gibier. C'est à reculons qu'il commence son souterrain ; et, comme nos architectes, il ne creuse les fondements qu'après avoir pris ses plans et toutes ses dimensions ; par quelques secousses, il trace un sillon circulaire à plusieurs reprises, et de manière à ce que les extrémités du sillon se réunissant, il ait tracé un cercle parfait. Le diamètre, où ce qui revient au même, la plus grande largeur de ce cercle est toujours égale à la ligne qui exprimerait la profondeur du trou qu'il veut creuser. C'est avec des efforts bien dirigés, et l'extrémité postérieure de son corps, recourbée en un véritable pic qu'il achève cette première partie de son travail. Ce premier cercle tracé, il en trace un autre en dedans du premier, et, revenant vers le centre par une longue spirale, il finit par rendre la terre très-légère, en la remuant plusieurs fois de suite. Alors, avec sa tête et ses cornes, il la jette hors du cercle. Cette seconde partie est plus pénible ; car il est obligé de répéter le mouvement de tête plusieurs fois avant d'enlever une petite quantité de sable. Ses impressions dans le sable au moyen de sa queue, ses déblaiements à coup de tête, ne cessent plus qu'il n'ait terminé sa fosse, espèce d'entonnoir dont la profondeur et la forme sont calculées de manière à ce que ses bords supérieurs et ses parois ne puissent craindre aucun éboulement. Le jeune fourmi-lion, soit qu'il ait moins de force, ou qu'il ne sente le besoin que d'un moindre local, ne fait qu'une très-petite fosse ; celui qui est arrivé à son entier développement donne au trou qui doit le recevoir cinquante-quatre ou quatre-vingts millimètres, tant d'ouverture que de profondeur.

C'est au fond de l'entonnoir que, sous une pincée de terre se cache le fourmi-lion. L'extrémité de ses deux cornes seulement dépasse, et c'est au fond du gouffre l'instrument de mort réservé à l'imprudence : malheur au cloporte trop confiant, au moucheron étourdi, à la fourmi diligente et empressée, qui viennent à s'approcher du bord de ce précipice, qui n'a été creusé en pente et dans le sable, que pour entraîner jusqu'au fond tous ceux qui s'y présenteraient.

Trois cas, tous trois prévus par notre adroit chasseur, peuvent survenir, d'après la manière dont il a dressé ses batteries : un insecte lourd et peu clairvoyant se laissera choir au fond du trou ; un autre, plus agile, courra sur ses bords ; un troisième, ailé, cherchera, en étendant ses ailes, à sortir de cet asile de mort. Que fera le fourmi-lion ? Sans se donner aucun mouvement, il saisira dans ses serres l'imprudent qui s'y précipitera et qui négligera de faire, pour lui échapper, la moindre tentative ; quant au second, il aura la conscience de sa présence par les grains de sable que sa marche fera tomber jusqu'au fond de l'*entonnoir*, et, creusant avec ses cornes autour de lui, il ébranlera toute la colonne de sable, et entraînera sa victime avec le terrain qui manquera sous ses pas. Par une tactique différente et non moins bien combinée, dès qu'il s'aperçoit, à l'aide de ses yeux vifs et très-clairvoyants, que l'insecte cherche à voler, il lance en l'air un nuage de poussière, une grêle de petites pierres qui l'aveuglent, arrêtent le mouvement de ses ailes et le livrent à sa voracité. Dès que le corps de sa proie arrive jusqu'à lui, le fourmi-lion le saisit et l'entraîne sous le sable, pour en faire ses repas; puis, quand il est rassasié, craignant que l'odeur ou la vue du cadavre n'éloigne les insectes de sa fosse, il le prend sur ses cornes, et par un mouvement brusque qui est dû au reploiement des anneaux de son corps les uns sur les autres, il le jette parfois à trente-trois centimètres au loin de l'ouverture de son trou. Il arrive souvent que, pendant tout ce travail, la forme du trou ait été altérée par la chute d'une trop grande quantité de sable vers le fond, et que ces parois n'offrent plus une inclinaison suffisante; alors l'insecte redouble d'ardeur et rétablit son travail, d'après les mêmes lois qu'il avait consultées en l'exécutant la première fois. Il creuse, déblaie de nouveau, et se remet à l'affût. Malgré tant d'adresse et de calcul, le fourmi-lion serait encore exposé à une destruction possible, dans le cas où peu d'insectes s'approcheraient de sa fosse; mais il peut rester un mois et plus sans prendre aucune nourriture, et cette facilité du jeûne est le dernier moyen de l'extrême prévoyance d'une nature conservatrice.

Quand l'époque d'une nouvelle vie est arrivée pour l'insecte dont nous décrivons l'histoire, il cesse de creuser la terre et de dresser des piéges dont il n'a plus besoin, et se contente de tracer de nombreux sillons à la surface du sol, de revenir plusieurs fois sur lui-même, et de fatiguer son corps, lent à la marche, jusqu'à ce qu'il soit couvert d'une sueur visqueuse et abondante; alors il s'enterre sous le sable, et il attend que le Créateur, dont l'œil immense aperçoit, aussi bien que les colosses, les plus petits détails, ordonne sa résurrection, et lui donne après un très-court espace de temps, une vie nouvelle, des ailes jeunes, rapides, et une robe diaprée des plus éclatantes couleurs.

Le sable s'attache sur le corps du fourmi-lion, et mêlé à l'humeur qui le couvre, il forme une coque qui lui sert de rempart et de prison. C'est dans ce réduit que l'insecte, avant de rester dans un état de mort apparente, file sa soie et l'étend d'un endroit à l'autre de sa nouvelle demeure, dont les parois se trouvent tapissés du plus brillant duvet. Ce sont des fils qui s'entrecroisent en tous sens, et dont le tissu est comparable, pour la délicatesse, à l'amiante, et pour la fermeté au satin le plus solide. Cette richesse est à l'abri des yeux, et le dehors ne se distingue du sol par aucun caractère. Cette humble ressemblance avec la terre qui l'environne sauve l'insecte du bec de l'oiseau, qui, malgré cela, mange parfois celui qui n'a vécu que de meurtres et de rapines.

Le miracle de la seconde création ne tarde pas à s'opérer. La chrysalide (car c'est ainsi qu'il convient d'appeler l'insecte dans ce nouvel état) est formée par deux mois de travail intérieur et prête à se développer. Déjà ses ailes, ployées sur elles-mêmes, se remarquent sur les côtés, et deux dents paraissent, qui percent la draperie et la coque que le sable a formées. L'insecte reçoit le contact de l'air, et, remuant sous cette influence, il tient encore à sa coque; un nouvel effort, il l'a quittée, et les rayons du soleil, le couvrant de leur chaleur, achèvent sa métamorphose. Ses ailes se sont déployées, et déjà son corps a trois centimètres de longueur. L'aile transparente et mobile se tend comme la voile du vaissseau, et se peint au soleil d'un vert azuré qui reflète les plus brillantes couleurs. Le *fourmi-lion* n'est plus, la *demoiselle* lui a succédé; et aussi légère qu'il était pesant, aussi vive qu'il était immobile, elle rase la surface du lac, et, après être restée en extase devant le spectacle de la nature dont elle n'a point joui dans son premier état, elle va brillanter les buissons en se balançant, suspendue en aiguille, au bout de la branche la plus flexible.

Quelques auteurs, qui ont recherché l'étymologie de tous les noms, prétendent [que le *fourmilion* n'a été ainsi appelé que parce qu'il est pour la fourmi un *ennemi redoutable*, un *lion* : il ne lui ressemble d'ailleurs ni par son caractère, ni par ses habitudes.

LE COUSIN.

Cet insecte, si redouté dans les pays chauds, et dont les piqûres, parfois assez nombreuses, causent des inflammations violentes, et peuvent même donner la mort, a besoin, pour exister et se reproduire, des trois éléments, nous dirions presque de tous les quatre ; car, s'il habite à la fois la terre et l'air, s'il dépose ses œufs dans l'eau, il a besoin encore de la chaleur du soleil, et par conséquent du feu. Le cousin n'a droit à figurer ici, que par le soin tout singulier qu'il prend de ses œufs, et la manière non moins bizarre dont il les place sous l'exposition qui convient le mieux à leur développement. Les diverses métamorphoses que subit cet insecte nous engagent à n'omettre aucun point de son histoire, et, comme nous l'avons déjà fait plusieurs fois dans le cours de cet ouvrage, à ne négliger aucun des faits intéressants que peut offrir à notre observation l'animal signalé déjà, à cause de son industrie.

Le plus souvent on rencontre les cousins sur le bord des mares, des fontaines, des lacs; c'est là qu'ils élèvent leur famille; c'est là qu'ils placent leurs œufs. Ils s'emparent d'un petit plateau de glu, et disposent ces œufs dessus, dans un ordre parfait, de manière qu'il semblerait au premier aspect un petit crible, dont les œufs représenteraient les trous par une différence de couleur. Ce plateau est attaché au moyen d'un lien à une racine d'arbre; et si d'un côté la substance glutineuse les préserve de la submersion, en les tenant dans un milieu humide, nécessaire à leur développement, de l'autre, le lien empêche que l'eau plus agitée, ne les entraîne au loin, et dans quelque lieu plus froid, où ils ne seraient plus exposés aux rayons solaires, où ils ne pourraient éclore.

De ces œufs sortent de petits pucerons, qui se font au fond des eaux une demeure dans le mastic et dans la craie, lorsqu'ils peuvent en rencontrer, cette substance étant assez tendre pour qu'il leur soit facile de s'y creuser des loges, et assez dure pour les garantir des poissons qui ne sont point armés de pinces. A cette époque, ces petits pucerons ou vermisseaux sont tout à fait aquatiques.

Plus tard, et c'est leur second degré de développement, ils deviennent amphibies : leur tête, considérablement grossie, reste en l'air, tandis qu'ils se soutiennent sur l'eau au moyen d'une queue velue et arrosée d'une huile qui empêche l'humidité de l'endommager. Ce second état, déjà plus perfectionné que le premier, n'est point la condition la plus favorable du cousin qui devient habitant de l'air en échangeant contre les ailes résonnantes, et garnies de bandelettes artistement découpées, sa tête disproportionnée, ses cornes et sa queue.

Le fourmi-lion, d'abord nuisible, n'est plus qu'innocent dès qu'il acquiert des ailes ; le contraire a lieu pour le cousin ; c'est sous cet habit de faveur, et la tête ornée d'un panache, qu'il devient sanguinaire : sa trompe, admirable instrument, propre à la fois à pratiquer la piqûre et à sucer le sang auquel elle donne cours, est l'arme dont il se sert. Assez menu pour n'être aperçu qu'à l'aide du meilleur microscope, cet instrument, par la complication de son organisation, est un véritable prodige : outre le tuyau de succion qu'il renferme, il contient encore quatre épées ou dards, qui, hérissés de dents, sont saillants quand le désire l'insecte, ou cachés dans un étui. Cette trompe sert en outre au cousin pour découvrir les chairs par un toucher très-délicat, et ensuite pour aspirer la lymphe ou le sang que l'irritation, causée par les aiguillons, a attiré dans la plaie.

Le cousin, pendant l'hiver, ne prend aucune nourriture; il passe cette saison dans les souterrains, dans les fentes les plus profondes des rochers, et n'en sort que l'été suivant, pour aller chercher l'eau dormante à laquelle il confiera le berceau de sa lignée.

LES ABEILLES.

Dans toutes choses, il faut procéder avec méthode; sans méthode il n'existe pas de véritable instruction : aussi, pour suivre une marche naturelle, pour faire connaître les causes avant de parler des résultats, nous allons commencer par exposer, le plus brièvement possible, l'organisation de l'abeille, ce qui rendra plus intelligible ce que nous aurons à dire de ses travaux. Cette première partie sera sèche et peu attrayante; mais nous pourrons aisément embellir, égayer la seconde, qui offre un champ vaste à l'imagination, champ que les anciens poëtes, naturalistes ou philosophes, ont enrichi des comparaisons les plus riantes, et que Buffon seul a tenté de rétrécir, en remplaçant le prisme des fictions par le creuset de la plus sévère analyse.

Occupons-nous donc des outils de l'abeille. Son corps est divisé en trois parties bien distinctes, que séparent deux étranglements, la tête, la poitrine et le ventre. La tête est armée d'une trompe et de deux mâchoires ; la trompe est longue et pointue ; elle est flexible et mobile en tous sens. Elle aurait pu se rompre, si elle n'avait été formée que d'un seul morceau ; mais tout a été prévu, et, au moyen d'une charnière que l'on remarque vers son milieu, elle peut se replier sur elle-même, pour rentrer au centre de quatre écailles, destinées à la protéger contre toute espèce de choc. La partie moyenne, la poitrine, donne attache aux pattes ; celles-ci, au nombre de six, offrent à leur extrémité de petits crochets, qui, par leur pointe, sont opposés l'un à l'autre : ces petits grappins, qui servent à l'abeille à se suspendre dans les positions les plus difficiles, sont garnis à leur base de petits coussins, sur lesquels elle marche le plus ordinairement. C'est par un mouvement continuel de la première partie de ces jambes sur la seconde, et de la seconde sur la troisième, que la poussière recueillie sur les fleurs est amassée dans deux cavités, garnies de poils, qui se remarquent à la face externe des deux pattes de derrière.

Le ventre de l'abeille offre six anneaux et quatre parties bien distinctes : les intestins, le réservoir du miel, celui du venin et l'aiguillon. La poche qui contient le miel est transparente ; celle qui resserre le venin est à la base de l'aiguillon, espèce de tuyau dans lequel coule la liqueur, pour s'introduire dans la piqûre. Deux dards accompagnent l'aiguillon ; mais lorsque l'on est piqué par l'abeille, si on la laisse faire sans l'agiter, sans l'effrayer, elle ne lance aucun venin et ne fait qu'une très-légère piqûre ; autrement la liqueur irritante coule, et l'enflure dure souvent plusieurs jours.

Des organes aussi compliqués paraîtront bien simples encore si on examine quels ouvrages ils servent à exécuter. C'est par le sommet que la ruche est d'abord entreprise, ce qui semblerait devoir nuire à sa solidité : une glu extrèmement visqueuse pare à cet inconvénient, en maintenant les cloisons très-fixement attachées au tronc de l'arbre, ou aux parois de la cloche en paille qui donne asile à l'essaim : c'est une incroyable activité que celle qui anime toutes les mouches, au moment où elles construisent leur ruche ; il n'en est pas une seule qui ne prenne part au travail, comme il n'en est pas une qui ne prétende jouir, lorsqu'il est achevé, du domicile commun. Il est de toute équité que chacune construise, puisque chacune sera propriétaire. On se prête un mutuel secours, et l'agitation des travailleurs est si grande, que l'œil, quelque intéressant que soit le spectacle, finit par en être fatigué. Plusieurs rayons ou cloisons perpendiculaires descendent à égale distance les uns des autres, et des ouvertures, garanties des chocs par un bourrelet de cire, font communiquer tous les rayons ensemble : c'est sur les deux faces de chacun de ces rayons ou pans de murailles, que l'on établit la cellule, chef-d'œuvre de correction, figure parfaite , hexagone régulier, seule forme enfin qui pouvait renfermer autant d'espace sous un même contour, sans perte d'un seul vide ; seule forme qui répondait au besoin d'une colonie aussi prompte à multiplier, aussi féconde en reproduction. La cellule, sur onze millimètres de profondeur, a cinq millimètres de largeur. Certes, on pourrait encore expliquer, comme l'a fait Buffon, cette forme géométrique par une loi de nécessité : mais comment répondre à celui qui, ayant distingué dans la ruche trois cellules bien différentes, pour la forme et les ornements, destinées à trois espèces d'abeilles différentes, demanderait une cause purement physique de cette singularité ? Comment parviendrait-on à lui persuader que l'intelligence de l'insecte, ou mieux encore l'inspiration de la nature, et l'intelligence créatrice et conservatrice de ce monde, n'est pour rien dans un travail aussi parfait, aussi bien calculé?

En effet, outre les cellules ordinaires, il en est de beaucoup plus grandes que doivent habiter les *reines*, dont la forme est arrondie ou oblongue, qui ont les bords guillochés, et à la confection desquelles la cire est employée avec profusion, comme pour se conformer à la magnificence royale. Il est encore des cellules moins brillantes, mais remarquables par leur plus grande étendue, qui sont destinées à recevoir les œufs, desquels doivent sortir les *faux-bourdons*, et qui jamais ne sont distraites de cet emploi.

Nous venons de prononcer les noms de *reines*, de *faux-bourdons*; ce sont deux espèces d'abeilles, différentes du peuple ordinaire, deux castes dans l'état, distinctes du vulgaire. Oui, ce sont réellement deux classes à part : les *reines* ou les gouvernantes des ruches, et les *faux-bourdons* ou mâles, qui, plus gros d'un tiers que les autres abeilles, ayant la tête plus grosse et plus velue, la trompe beaucoup plus courte, sont dépourvus des instruments nécessaires au travail, dispensés par conséquent de tout labeur, et seulement destinés à fournir des enfants à l'état en fécondant les reines, et à couver les œufs, conjointement avec les abeilles travailleuses.

La reine est l'âme de la ruche, c'est le lien de la société, et à sa mort le deuil est général : les travaux cessent ; il n'y a plus d'avenir à attendre ; plus d'espérance, puisqu'il n'y a plus d'ordre. Plusieurs membres de cet état désolé meurent de chagrin. Errantes et vagabondes, les autres mouches finissent par être attaquées et détruites par d'autres insectes, ou par mourir de faim. Si la reine vient à quitter la ruche, lorsqu'elle trouve par exemple un voisin incommode dans une société de guêpes, ou que ses rayons ont été gâtés, tout le peuple la suit dans son émigration. Sort-elle pour inspecter les travaux au dehors ou pour une simple promenade, elle est entourée de mouches ouvrières, qui lui font une escorte, une garde d'honneur.

Il est facile de deviner que cette reine, environnée de tant d'hommages, de tant d'amour, doit être pour la ruche d'une haute utilité, et que ses fonctions deviennent, en certains cas, indispensables à la colonie ; car, tout calcul d'un vil intérêt à part, ce grand attachement doit se justifier par de grands services.

En effet, la reine seule ordonne dans sa ruche ; elle a de vieilles mouches, qui, à son commandement, punissent les délits et font hâter les paresseuses. — Enfin c'est elle seule qui reproduit, fécondée par les faux bourdons. Quand elle est prête à pondre, elle visite les cases réservées aux couvées, et lorsqu'elle les trouve propres, elle dépose dans chacune un œuf, en y entrant, pour cette opération, à reculons. C'est ordinairement dans le mois de mai qu'elle vient à pondre, et elle peut fournir des milliers d'œufs. Elle distingue probablement, aux douleurs que l'extraction de l'œuf lui cause, l'espèce qu'il doit contenir ; car on a remarqué qu'elle déposait dans les cellules royales l'œuf duquel une reine devait sortir, comme aussi dans les cellules les plus vastes les œufs qui produisaient les faux-bourdons.

Quelque temps après cette ponte, on aperçoit dans les cellules un ver blanc, long, mais roulé en anneau et appuyé sur une couche épaisse de gelée et de bouillie, que les abeilles ouvrières y ont apportée, et qu'elles ont soin de renouveler en quantité proportionnée à l'âge et aux besoins du nouveau-né ; cette gelée est blanche dans les premiers jours, jaunâtre et sans doute plus nourrissante dans les derniers temps.

Le ver croit avec rapidité, ne rendant aucun excrément, et conservant à son profit toute cette nourriture. Enfin, les ouvrières apprécient l'époque où il est sur le point de filer, et, afin qu'il ne soit troublé ni dans ce travail, ni dans la métamorphose qui en est la suite, elles closent la cellule au moyen d'un petit couvercle en cire, qui en bouche l'entrée. L'intérieur de cette cellule est promptement tapissé d'un filet soyeux, et l'insecte, après un état de mort apparente, crève une pellicule qui le retient captif, et sort ailé pour subvenir, quant à sa part, aux charges de la société, ou pour aller fonder, sous la conduite d'une reine, avec toutes les jeunes mouches du même âge, une ruche à quelques pas de là. Ces émigrations sont forcées quand la ruche contient trop d'habitants.

Le nombre des habitants, devenu considérable, fait parfois réfléchir la société sur l'inutilité des faux-bourdons ; et, après avoir mis à l'abri ceux que l'on choisit pour les époux de la reine, on ordonne la mort des autres. Le meurtre est à l'ordre du jour, et le carnage est affreux. En peu d'instants tous les mâles sont égorgés, même ceux qui étaient jeunes encore, et, la veille même, entourés des plus tendres soins : les vers desquels des mâles doivent sortir sont écrasés ; ce ne sont que des cadavres qu'on voit jeter de la ruche, et le massacre ne s'arrête qu'à la mort du dernier proscrit. C'est une loi exécutée avec une frénésie fanatique que ce massacre des mâles.

On a prétendu, et assez légèrement, que les abeilles avaient chacune leur emploi particulier et que telle compagnie était spécialement chargée de butiner, tandis que telle autre était occupée à pétrir, telle autre encore à distiller le miel. Il est vrai de dire que, si elles ne sont pas toutes au même moment occupées de la même manière, c'est que chacune s'empare du travail qui se présente, et que la force des circonstances diverses et fortuites décide de l'emploi du temps de quelques autres. Le plaisir le plus grand pour un observateur, est de voir toute une ruche au moment du travail : des abeilles volent de fleur en fleur, pour en pomper le suc du fond des corolles, à l'aide de leur trompe, ou pour enlever, au moyen des poils dont tout leur corps et leurs pattes principalement sont garnis, la précieuse poussière qui doit servir à l'élaboration du miel ; d'autres, qui président à leur tour, les débarrassent de ces matériaux qu'elles font passer dans un de leurs estomacs ou poches de sécrétion ; car elles en ont deux, l'un pour le miel et l'autre pour la cire, c'est de leur bouche que sort ensuite la cire, pâte molle qu'elles disposent en cloisons et en cellules.

Les abeilles font encore, pendant leurs couches, une ample provision d'eau ; et, comme il est prouvé que c'est à la naissance des vers qu'elles s'en chargent de préférence, on en a sagement conclu que cette eau était nécessaire à la confection de la gelée qu'elles préparent pour ceux-ci. C'est en avril et en mai que les abeilles vont faire leur récolte : en juin et en juillet, redoutant sans doute l'action du soleil qui absorbe tous les sucs, elles sortent dès le point du jour, et rentrent de leur course à dix heures du matin.

Un corps étranger, introduit dans une ruche, est promptement jeté au dehors ; un insecte qui a l'imprudence d'y entrer a son procès tout fait ; il est mis à mort, et le cadavre est poussé dehors, dans la crainte des miasmes délétères. On rapporte à cette occasion, d'après Miraldi, un fait qui peut être rigoureusement observé, mais pour l'explication duquel on s'est peut-être trop appuyé de l'intelligence accordée aux abeilles. Un limaçon entre dans une ruche, il est tué à coup d'aiguillon, c'est naturel : le salut de la ruche, l'idée inculquée à tout être de veiller à sa conservation l'exigeaient également. Les abeilles font de vains efforts pour chasser hors de la ruche cette coquille pesante, et finissent par en luter l'ouverture avec de la cire. Tout ceci est vrai ; mais il est hasardé d'ajouter que cette coquille n'a été ainsi hermétiquement bouchée que pour empêcher les exhalaisons, qui s'échappaient du limaçon en corruption, de se répandre dans la ruche ; voilà où le vrai pourrait même n'être plus vraisemblable ; voilà où il fallait s'arrêter.

L'abeille est certainement l'insecte qui a mérité le plus de fixer l'attention des naturalistes. Son économie, son ardeur pour le travail, ses règlements, sa société si bien organisée, que de causes pour qu'une ruche reste longtemps un objet digne de notre admiration ! L'homme cessera peut-être un jour de remarquer ces merveilles de la nature, et alors il sera plus corrompu qu'il ne l'est aujourd'hui.

LES GUÊPES.

Armée du même aiguillon que l'abeille, la guêpe est sa plus cruelle ennemie ; c'est le brigand qui dévaste sa ruche ; et, après l'homme, c'est l'animal peut-être le plus friand de miel. La guêpe ne manque cependant point de police, d'industrie ; elle vit en société, mais elle ne confectionne aucun produit. Elle se contente de piller, et n'a même pas assez de prévoyance pour faire la moindre provision ; il est sans doute étonnant que, formant des cellules pour l'éducation de ses petits, elle se trouve chaque année forcée de sacrifier les œufs qui ne sont pas encore éclos, et les vers qui déjà ont acquis quelque développement. Le froid se fait sentir, et la guêpe, qui ne peut plus aller butiner sans s'exposer à une mort certaine, préfère jeter hors de sa demeure le fruit de ses amours, l'espoir de sa colonie.

Rien de plus artistement exécuté qu'un guêpier cette espèce de gâteau que bâtit le *peuple-guêpe* est presque une ville souterraine : des péristyles, des places, des terrasses, des maisons et des colonnades, il n'y manque rien, ni pour la symétrie ni pour la commodité. Figurez-vous plusieurs plateformes, à des distances calculées les unes des autres, de manière que celles du milieu soient moins rapprochées que celles de dessus et de dessous, et vous aurez une idée exacte de l'aspect général que présente le guêpier. Ces plates-formes sont maintenues à leur place par cinquante ou soixante colonnes, qui sont elles-mêmes admirablement calculées dans leurs proportions : étroites à leur partie moyenne, elles sont évasées à leurs extrémités.

Ainsi le rétrécissement aide à l'économie de la matière, tandis que l'élargissement, des deux bouts, j'ai presque dit de la base et des chapiteaux, assure leur solidité en leur offrant plus de points d'attache et une application plus exacte sur le pavé et sur le plafond : des cellules sont disposées dans chaque entre-deux ou place, de manière à ce qu'on ait, au moyen de rues ou conduits, un accès facile dans chacune d'elles. Ces cellules, comme celles de l'abeille, semblent, par une prévoyance admirable de l'animal, construites pour l'espèce d'œufs qui doit y être déposée, comme nous aurons l'occasion de le faire observer tout à l'heure.

Les colonnes qui portent tout le poids de l'édifice sont d'un mortier beaucoup plus solide que les planchers, et ceux-ci d'une pâte plus ferme que les parois des cellules ; ainsi la fatigue à laquelle peut être assujettie chaque partie de l'édifice semble avoir servi d'indication dans le travail ; l'homme ne résonne pas mieux, et souvent même (nous en prenons à témoin notre Panthéon) il oublie ces lois fondamentales de l'architecture.

Une seule chose manque dans ces villes souterraines, c'est la lumière : il paraît que l'insecte a les yeux phosphorescents, et qu'il peut, jusqu'à un certain point, y voir la nuit, en rendant ce fluide lumineux que son œil a absorbé pendant le jour.

Après avoir admiré leur ouvrage, suivons dans leurs travaux ces maçons ailés qui les construisent, et nous n'aurons pas une moindre envie de crier merveille, quand nous comparerons le résultat avec les moyens d'exécution.

Comme chez les abeilles, avec lesquelles ce genre a le plus de rapport, il existe trois espèces de guêpes : la guêpe femelle, la guêpe mâle, et la guêpe mulet, qui n'est ni mâle ni femelle, et sur laquelle retombe tout le poids du travail, toute la fatigue. Ces dernières mouches sont en beaucoup plus grand nombre, mais si petites, si faibles auprès des mâles, que dans le guêpier, ceux-ci n'ont pas à craindre qu'on les sacrifie.

Le mulet doit construire et approvisionner la ruche, la femelle élever les petits, et le mâle, les produire. Ces trois occupations sont remplies avec précision, sans trouble, sans désordre, et aucune des classes ne sort des fonctions qui lui sont confiées par la nature et les règlements de la société. Jamais les mères ne sortent du souterrain, jamais

13.

les pères ne travaillent, et jamais non plus les mulets ne sont occupés à distribuer la nourriture aux petits.

Dès qu'un lieu assez élevé pour que les inondations soient impossibles a été choisi, les guêpes cherchent s'il n'y a pas aux environs un trou de taupe ou de quelque autre animal, qui, déjà creusé, puisse abréger le travail, et remplir par sa forme toutes les conditions désirées. Si ce cas favorable ne se présente pas, elles se mettent à l'œuvre, et, sans autre instrument qu'un aiguillon semblable à celui de l'abeille, deux petites scies et une tête extrêmement mobile, elles parviennent à creuser onze décimètres carrés de terrain, et ont soin de porter loin de là les matières de déblaiement produites par l'excavation. Une partie cependant est laissée dans l'intérieur pour être détrempée avec la glu, qu'elles trouvent sur les saules et sur toutes les jeunes pousses en général : c'est ce ciment dans lequel elles jettent, en plus ou moins grande quantité, selon qu'il est plus ou moins utile de le rendre solide, des petites branches d'arbres, des pailles, des mousses desséchées, qu'elles ont apportées des champs, et qui, concassées, ne tardent pas à se perdre dans la pâte, qui acquiert par là plus de fermeté. C'est à reculons, et en se roulant sur de petites boules de ce mortier, que parfois elles apportent tout fait entre leurs pattes, qu'elles parviennent à l'étendre en feuilles ; elles continuent ensuite à passer sur ces feuilles, en traînant leur corps, jusqu'à ce que, produisant l'effet du laminoir, elles les aient amenées à une très-mince épaisseur. Plusieurs de ces lames, ainsi durcies, sont superposées et forment les planchers. Les colonnes sont élevées avec les mêmes matériaux et par les mêmes efforts, elles acquièrent plus de dureté par un plus long frottement. La voûte une fois enduite de ce mastic, qui doit préserver le guêpier des éboulements, par la forme en dôme qu'on lui fait prendre, les mouches commencent leur bâtiment par le sommet, elles le suspendent à la voûte, et en font ainsi leurs étages qui tous communiquent ensemble, dans un ordre inverse des nôtres. Deux portes sont ménagées ; l'une est ouverte aux travailleurs chargés de butin, l'autre à ceux qui partent à vide ; ainsi les rencontres en sens contraire, qui pourraient nuire à l'ordre, sont évitées et les accidents sont très-rares.

C'est dans cette demeure que rentrent toutes les guêpes au moindre danger, et cette demeure devient leur tombeau ; car l'homme commence par les noyer ou les tuer avec la vapeur du souffre, avant de détruire l'édifice. La piqûre de la guêpe est tellement venimeuse, qu'il serait dangereux d'ouvrir une ruche sans ces précautions.

Les mères, comme nous l'avons déjà dit, ne sortent pas de la ruche, mais elles reçoivent des travailleurs les petits morceaux de viande, les petits brins de poire et d'abricot qu'ils apportent, et s'en servent pour la nourriture des vers qui, en temps marqué, ouvrent la bouche et trouvent leur pâtée. Une mère a plusieurs cellules assez petites où sont renfermés les mulets, dont le corps aura moins de développement, et plusieurs autres plus grandes qui contiennent les vers des mâles ou des femelles ; elle porte à chacune la part nécessaire à l'individu qu'elle contient, et n'a pas plutôt terminé cette tournée, qu'elle est contrainte à la recommencer.

Les vers, une fois parvenus à l'époque où ils filent et prennent plus de nourriture, promènent leur tête dans tous les coins de leur cellule, y attachent leur filet, et s'enveloppent d'un linceul, du fond duquel ils doivent ressusciter brillants et légers.

Après quinze jours au plus de séjour dans ce tombeau, ils se sentent armés de toutes pièces, déchirent la cloison qui les environne, et après

avoir séché leurs petites ailes encore humides,
ils s'envolent, et vont prendre part au pillage,
annonçant par un bourdonnement nouveau leur
première conquête.

LE VER A SOIE.

L'homme est habitué à ne faire estime des choses que d'après le plus ou moins d'utilité qui doit
résulter pour lui de leur existence; c'est une condition inévitable de l'état de société que cette manière de juger.

Elle est générale, parce qu'il n'est point d'homme qui n'éprouve des désirs ou des besoins. Aussi,
parmi les curiosités de la nature qu'il se plaît à
examiner pendant ce moment de calme qui, de
temps en temps, le repose au milieu des orages des
passions, il a toujours, avec une sorte de prédilection, reporté son attention sur le ver à soie. La
raison en est toute simple, et nous venons de dire
comment il était conduit à cette préférence: c'est
qu'en élevant, en cultivant pour ainsi dire cet insecte, il l'a rendu le premier ouvrier, le fournis-
seur de manufactures immenses, dont les travaux
font vivre un nombre incalculable d'individus, et
dont les produits peuvent en enrichir un nombre

non moins considérable. Si demain on parvenait à filer et à tisser de riches étoffes avec la coque de la chenille de nos jardins, lorsque déjà elle est jetée sous ses pieds qui vont l'écraser, il la relèverait et l'entourerait des mêmes honneurs.

Le ver à soie est un animal fort innocent, et son innocuité est si bien reconnue, que l'on permet à la jeunesse de surveiller son éducation. Il convient donc de faire amende honorable à ce bienfaiteur de notre industrie, au nom de ces ignorants toujours disposés à craindre ce qu'ils ne connaissent pas, et qui assurent que ce ver donne la peste, comme ils ont admis que le lézard est un animal venimeux.

Dans les pays chauds, en Chine, au Tunguin, on élève les vers à soie en liberté; ils courent sur les arbres dont les feuilles les nourrissent, sans que l'on s'occupe d'eux, sinon d'une manière générale, et comme on le ferait des fruits d'une récolte. Ils déposent leurs œufs, petits points à peine rugueux aux doigts, sur le tronc, sur les arbres, sur les feuilles, et meurent après cet acte de la production.

L'individu est d'un faible intérêt, pour la nature qui vient d'assurer la conservation de l'espèce.

Ces œufs, garantis de la gelée qui pourrait atta-

quer l'arbre, par la manière dont ils sont disposés, restent sous la sauvegarde de la nature; et
les petites chenilles qui doivent en sortir, et qui
paraissent d'abord sous la forme d'un petit point
noir, ne les crèvent qu'au moment où le bourgeon
permet l'émission de la feuille nouvelle. Ainsi, la
chaleur vivifiante du soleil, qui seul peut avancer
la naissance des nouvelles feuilles, est également
nécessaire au développement de l'œuf, de manière
que l'insecte, dans son plus grand état de faiblesse, se trouve sur la feuille la plus tendre, et
cette même feuille, recevant plus de sucs nourriciers, devient plus ferme, mais plus dure à mor-
celer, au moment où le ver à soie a des organes
plus forts et plus perfectionnés. Les œufs ont été
attachés sur les feuilles au moyen d'une glu que
presque tous les insectes possèdent, qu'ils emploient à différents usages.

La chenille a acquis la grosseur du petit doigt;
elle est blanche, puis jaunâtre, et c'est alors
qu'elle cesse de manger, et que commence son ingénieux travail.

En France, en Provence, ces insectes ne peuvent s'élever d'une manière bien fructueuse en
plein air; il faut leur disposer des loges à l'abri
des changements de température, des pluies et

des oiseaux dont les filets ne les garantissent qu'imparfaitement. On choisit donc une chambre exposée au bon air, qui soit couverte de vitrages et de toitures semblables à celles employées pour les serres. A l'abri des vents froids et humides, il faut que ces pièces soient encore protégées contre tous les insectes qui pénètrent dans nos babitations, contre les rats et tous les animaux domestiques. Après ces précautions indispensables, on élève quatre pièces de bois ou colonnes disposées en un grand carré, et qui reçoivent les claies d'osier adaptées au moyen de coulisses ; au-dessous de chacune de ces claies est une planche, avec un rebord qui peut se déplacer à volonté. D'abord cet appareil est inutile ; mais lorsque l'insecte a pris quelque accroissement, et qu'il ne peut plus tenir dans les boîtes garnies intérieurement de linge, où d'abord il a été élevé, on le pose sur les claies, ayant soin de lui continuer alors sa nourriture de feuilles de mûrier, qu'une servante laborieuse sème à peu près également.

Chaque matin elle fait cette distribution, et doit y apporter le plus grand soin. Il faut enlever les débris des feuilles qui ont servi au repas de la veille, car la malpropreté est funeste aux vers à soie ; il faut aussi redouter pour eux l'humidité, et avoir soin de faire sécher les feuilles avant de les leur présenter, si elles sont chargées de pluie et de rosée. Il peut arriver que l'on manque de feuilles de mûrier, il faut tâcher que cette privation dure le moins longtemps possible; car, bien qu'on remplace par des cœurs de laitue cette nourriture ordinaire, le travail s'en ressent, et la soie est loin d'avoir un degré aussi supérieur en qualité.

Une autre attention non moins utile est de donner à propos de l'air à la chambre dans laquelle ils séjournent; on profite, pour ce renouvellement, du moment où le soleil y répand le plus de chaleur.

La chenille change trois fois d'habit et presque en même temps de couleur. Chacun de ces changements est marqué par un petit moment de léthargie, suivi d'une agitation extrême et presque convulsive, au moyen de laquelle elle crève la peau qui la comprime, et finit par s'en débarrasser.

Enfin, après sa troisième métamorphose, elle s'éloigne de toute compagnie, refuse tout aliment, et en prépare une autre beaucoup plus complète et beaucoup plus longue.

Sans nous arrêter à l'anatomie du ver à soie,

qui serait étrangère à notre sujet (car nous n'écrivons point une histoire naturelle), voici quelques détails sur l'organe qui sécrète la soie : ils rentrent parfaitement dans notre cadre, et ne seront pas d'ailleurs sans intérêt.

Cet organe est formé de deux longs tubes, d'abord très-étroits, qui s'élargissent ensuite, et qui, faisant plusieurs tours sur eux-mêmes, viennent aboutir à deux petites ouvertures situées sous la bouche de l'animal. C'est dans ces deux réservoirs qu'est contenue la gomme couleur de souci, avec laquelle le ver forme son fil. Les deux bouches de ces tubes présentent une quantité considérable de petits trous ou filières, par lesquels la matière se file comme le lin qui sort très-menu d'une touffe de chanvre fixée sur la quenouille. Ces deux fils, il les assemble en un, au moyen de ses pattes de devant, et se laisse suspendre au bout de cette double attache. Quoique assez éloigné du jour où il commencera sa coque, il a toujours ce fil qu'il attache auprès de lui, et qui le sauve des chutes ; c'est une ancre de stationnement. Quand vient le moment où l'insecte va s'enfermer dans sa coque ou *cocon*, il prend une attitude différente et très-gracieuse, et continue à lancer son fil qui, exposé à l'air et manié par ses petites pattes de devant, prend bientôt la consistance nécessaire. Il est prouvé que cette humeur visqueuse, qui devient fil, est une sécrétion faite avec les sucs mêmes dont se nourrit l'insecte; mais la chimie ne nous a pas éclairé sur sa composition intime, et c'est là tout ce que l'on sait sur la matière du phénomène.

Delille a consacré, dans son poème des *Trois Règnes*, les vers suivants aux travaux laborieux de toutes les espèces de vers :

> Je plains l'observateur qui ne voit de merveille
> Que l'homme ou l'éléphant, le castor et l'abeille ;
> Et, jetant sur le ver un regard de mépris,
> De ses humbles travaux ne connaît point le prix.
> Non, les ponts de castor et ses riches bourgades,
> Non, des essaims actifs les nombreuses peuplades,
> Et ces brillants travaux de leurs toits populeux,
> Ne peuvent surpasser ces vers miraculeux,
> Qui, citoyens obscurs de notre grand domaine,
> Rivalisent d'adresse avec l'espèce humaine.
> Ainsi que ses besoins, leur vie a ses travaux :
> Là, combien vont s'offrir de prodiges nouveaux !
> L'un, habile sapeur, en minant les feuillages,
> S'en va de proche en proche avançant les ouvrages,
> Et, dans l'enfoncement de ces réduits secrets,
> Trouve à la fois, son nid, sa demeure et ses mets.
> Sage ouvrier, que dis-je ? ingénieux artiste,
> L'autre, assemblant le bois en adroit ébéniste,
> Dans sa maison qu'il taille et construit avec art,
> Loin des yeux importuns s'établit à l'écart.
> L'autre roule en cornet une feuille docile,
> Et dans ce simple abri choisi son domicile.
> L'un d'une double coque a construit son palais ;

Cet autre dans les fruits se loge à peu de frais ;
L'autre dans son alcôve élégamment déploie
La tenture de gaze et se tapit de soie.....
En adresse, en moyens, l'instinct ne tarit pas!

Lebrun, l'auteur des Odes, surnommé à cause du genre dans lequel il a composé, Pindare-Lebrun, a tiré du ver à soie enfermé dans sa coque une comparaison ingénieuse, exacte, et qu'il a embellie de tout le charme de la poésie :

Ainsi l'active chrysalide,
Fuyant le jour et le plaisir,
Va filer son trésor liquide
Dans un mystérieux loisir.
La nymphe s'enferme avec joie
Dans ce tombeau d'or et de soie
Qui la voile aux profanes yeux ;
Certaine que ses nobles veilles
Enrichiront de leurs merveilles
Les rois, les belles et les dieux.

Le ver à soie forme sa coque de trois couches très-distinctes ; la couche moyenne est la seule qui soit profitable au commerce, ou au moins qui, sans préparations dispendieuse, produise un fil non interrompu et des tissus précieux. D'abord l'insecte qui cesse de manger, auquel on a offert quelques brins de bouleau ou un cornet de papier, trace un circuit, et revenant de mille façons sur lui-même, jette des fils au milieu desquels il va filer. Sa soie, il la dispose avec plus d'ordre en une coque ovalaire, et de manière que le fil, toujours couché dans le même sens, ne se mêle point par des tours mal combinés ; enfin, quand il est prêt à terminer son travail, il dépense le reste de sa gomme à se faire une peau en soie, de qualité bien inférieure, très-serrée, et que le ciseau seul peut entamer. C'est dans cette coque qu'il devient chrysalide, et c'est en la quittant qu'il parvient à l'état de papillon parfait.

LES CHENILLES.

En consacrant plusieurs pages au ver à soie, nous nous sommes assez longuement étendu sur la double transformation des insectes de cette classe, de chenille en fève ou chrysalide, et de la chrysalide en papillon : nous n'avons donc plus besoin d'y revenir ; et sous le titre générique de chenilles, que nous plaçons en tête de ce chapitre, nous nous bornerons à consigner sommairement les preuves d'industrie que donnent, dans l'ordonnance de leur travail, quelques espèces de cette grande famille.

Les plus petits animaux ont des moyens préservatifs des causes qui menacent leur existence, et l'être le plus faible a reçu de la nature des armes pour s'en servir dans le péril ; la chenille est mise à l'abri des chutes par le fil qu'elle a la faculté de rendre par ses filières. En attachant un peu de cette gomme sur la branche à laquelle elle a l'intention de se suspendre, elle la laisse filer en se précipitant, et la maintient, en cessant son travail, à la dimension qu'elle juge convenable. Ainsi attachée au milieu de l'air, elle évite les animaux sans ailes, qui pourraient l'écraser. Les poils qui couvrent tout son corps sont également pour elle un bouclier : ils ont un toucher très-délicat, et dès qu'un corps approche de leur extrémité, même la plus ténue, la chenille en est avertie, et peut se préparer à la retraite ; c'est ainsi qu'elle quitte la branche sur laquelle une autre branche, poussée par les vents, vient à frapper. Ces poils lui deviennent encore très-nécessaires pendant les pluies ; elle les dispose de manière à s'en couvrir, et à éviter le contact de l'eau, l'humidité et le froid.

Enfin, il faut mettre au nombre des ressources que la chenille possède, et qui lui aident à se garantir de la destruction, le rapport de couleur qui existe toujours entre son corps et les lieux qui l'environnent. Elle se confond à l'œil avec le milieu qu'elle habite, et cela suffit la plupart du temps pour tromper les oiseaux, dont le bec lui donnerait la mort.

L'auteur des *Études de la nature* a très-bien remarqué ces rapports dans ses *Harmonies naturelles*, et, avec son talent accoutumé, il a traité à fond une foule de questions intéressantes, que nous nous contentons d'indiquer ici.

La chenille n'est pas non plus dépourvue d'une sorte d'intelligence, elle sait très-bien se placer de préférence sur la lame inférieure de la feuille qu'elle ronge, plutôt que sur la lame supérieure, parce qu'elle est plus sûre d'éviter, par cette attention, la main de l'homme, le bec des oiseaux et l'eau du ciel. Elle fait aussi la morte, et c'est son moyen le plus ordinaire, pour gagner du temps, quand un oiseau la guette ; il la regarde, elle s'étend sur le côté, demeure immobile ; il est distrait, aussitôt elle est sur les petits crochets qui la soutiennent, elle les meut avec une vitesse extrême, elle est loin de ses yeux, elle est bientôt en sûreté.

Dans cette position, les petits pucerons viennent parfois pour la dévorer ; elle les laisse couvrir tout son corps, puis d'un léger mouvement de tête, elle les saisit, et en fait un repas qui dure parfois très-longtemps.

Ce qui est aussi très-remarquable, c'est la proportion qui règne entre la coque de la chenille et le temps qu'elle doit y demeurer. Celles qui ne prévoient qu'une léthargie de quelques jours, se contentent de rouler, au moyen de leurs fils, une feuille très-tendre, et de s'y abriter, après l'avoir enduite d'une glu qui la rend imperméable à l'eau, et inaltérable au soleil le plus chaud; ou bien encore elles se laissent choir au bout d'un fil, et ainsi au milieu de l'air, et la tête en bas, se transforment en un rouleau, dans lequel on ne distingue que très-difficilement les rudiments d'un animal, jusqu'au moment où, perçant l'enveloppe que leur sueur concrète a formée autour de leur corps, elles étendent leurs ailes, et prennent possession du vaste champ des airs.

D'autres encore, qui doivent rester une année entière dans leur coque, la bâtissent en pierre : elles se roulent à plusieurs reprises dans le sable, et finissent par s'entourer d'une véritable muraille sous laquelle elles attendent en sûreté le jour marqué pour le renouvellement. Enfin, il est des chenilles qui remplacent le sable par du bois qu'elles ont concassé, pulvérisé, uni à la glu, et réduit en une véritable pâte. On dirait des petites momies ; car ces enveloppes conservent encore certaines formes.

La chenille n'est pas toujours dans sa coque en état de chrysalide, ou plutôt elle ne file pas toujours une coque, et se contente parfois d'un lit ; où elle passe le mauvais temps, toujours sous la forme de chenille : on voit, pendant l'hiver, plusieurs de ces chenilles disparaître du tronc de l'arbre qu'elles occupaient.

Si l'on suit leur trace, on reconnaît, dans l'angle de deux branches, au point même de leur bifurcation, un amas de fils ; et c'est sous cette tente imperméable aux froids et aux frimas, protégée contre l'aquilon par les deux rameaux qui la soutiennent, que toute la famille s'est rendue. Par où y est-elle entrée ? Par une ouverture unique et très-petite, qui est située à la partie inférieure de la tente, et par laquelle un insecte plus fort ne pourrait s'introduire.

Voulez-vous savoir comment sont disposées, dans l'intérieur, vos chenilles fugitives ? Il vous faut employer de la force pour déchirer cette enveloppe, et vous les voyez alors étendues sur le duvet le plus moelleux, et recouvertes par plusieurs petites bandes de même matière, qui leur servent à la fois de draps et de rideaux.

LA TEIGNE.

L'ennemie de nos étoffes, la teigne, passe sa vie jusqu'au jour où elle devient papillon, dans une petite loge qui a la forme d'un manchon ; c'est elle qui la construit. Son œuf a été déposé, et avec soin, sur le cuir le plus propre, sur le drap le plus neuf, de manière que la teigne, dès sa naissance, trouve sa nourriture auprès d'elle, et, peu de temps après, les matériaux de son habitation. Elle y pratique, comme nous l'avons dit, deux ouvertures, et allonge sa tête tantôt d'un côté tantôt de l'autre : elle ronge le poil ou le flot du drap, ou simplement elle le tond, et s'en sert pour élever ou pour réparer sa maison, qu'elle attache sur le fond de l'étoffe avec un peu de colle et différents filets. Elle continue à abattre autour de l'habitation, et c'est quand elle est parvenue à la corde de l'étoffe, qu'elle songe à émigrer ; elle lève donc tous les piquets de sa tente, et va l'attacher à quelque distance de là. Si elle change de drap, et que celui qu'elle quitte soit vert tandis que celui qu'elle choisit est rouge, sa tente, qui était verte, ne tarde point à prendre la couleur du nouveau drap par les changements et les augmentations qu'elle lui a fait subir. Ainsi elle évite les yeux, et se sauve de la brosse qui, en un instant, renverserait ses propriétés et compromettrait son existence.

La teigne cherche les rideaux, les étoffes, et de préférence celles qui sont de laine, les peaux dégraissées, ou le papier, parce qu'il est fabriqué avec le chiffon, qui a perdu l'amertume du chanvre sous le pilon de la papeterie. Jamais on ne trouve aucune teigne sur le chou, sur la viande : ainsi, telle chenille n'attaque que telle espèce de plante ; mais si la nature a voulu que chaque individu créé ait son ennemi, elle a évité que cet ennemi fût en assez grand nombre pour détruire l'espèce.

On distingue parmi ces insectes la *teigne des grains*, qui a les ailes de couleur cendrée et la tête couverte de poils blanchâtres. On ne la trouve que trop fréquemment dans les greniers.

LES ARAIGNÉES.

Nous ne sommes pas aussi bien disposés pour les contrastes que pour les analogies, tout changement brusque nous étonne, toute nuance douce d'une forme à une autre nous plaît ou nous est inaperçue. C'est à cette disposition naturelle de nos organes qu'il faut rapporter cette horreur involontaire que nous inspire l'araignée. Elle a les pattes trop grandes pour son corps, et, noire de couleur, nous la rencontrons le plus souvent sur nos murailles qui sont blanches. Peut-être aussi dans notre dégoût pour l'araignée et notre effroi à son aspect, y a-t-il quelque chose qu'il faut attribuer à l'éducation et à une sorte d'habitude. Jeunes encore, nous voyons les personnes qui nous entourent manifester cette sensation; nous apprenons à sentir comme elles, et les nerfs, habitués à être émus de telle manière, éprouvent toujours la même commotion dans la même circonstance.

Parmi les araignées qui s'offrent le plus souvent à notre observation, il en est quatre surtout qui diffèrent dans leurs formes, dans leur manière de travailler leur toile, et par le choix du lieu dans lequel elles ont coutume de la tendre ; c'est l'araignée domestique, celle qui habite nos maisons, l'araignée de nos jardins, l'araignée souterraine, qui se voit dans les caves, dans les carrières, et l'araignée vagabonde, qui n'a pas, comme les autres, un domicile fixe, et qui est par conséquent moins laborieuse.

L'araignée a l'œil immobile ; aussi la nature lui en a donné jusqu'à huit, qui placés sur divers points de la tête, sont autant de sentinelles qui veillent pour sa sûreté, et observent des routes différentes.

La tête de l'araignée et sa poitrine sont couvertes d'une écaille et attachée par un ligament très-faible à son corps, que recouvre une peau velue. La tête est armée de deux branches qui sont hérissées de pointes, disposées comme les dents de la scie, et terminées par un ongle semblable à celui du chat. Une petite ouverture, placée à la partie inférieure de ses aiguilles ou branches, rend un venin subtil : les deux ongles se recourbent dans deux rainures qui les reçoivent, à peu près comme un couteau, sa lame. Huit jambes, armées de trois ongles crochus et mobiles, sont attachées à la poitrine ; articulées comme celles de l'écrevisse, elles sont dentelées sur leur bord inférieur.

On conçoit qu'avec ces crochets il est facile aux araignées de se soutenir sur leurs fils, et même le dos en bas ; mais pour gravir les endroits lisses, des pierres, des glaces, il leur a fallu d'autres organes. Ce sont de petites éponges remplies d'une humeur visqueuse, qui servent à les coller aux parties polies, sans rendre cependant leur marche impossible. Il résulte de l'application de ces petites éponges, de petites tache rondes, et ce sont les points que nous apercevons sur nos glaces. Outre ces huit jambes, l'araignée en possède encore deux autres, que nous pourrions appeler bras, puisqu'elle ne s'en sert pas pour manger, mais pour saisir et retenir sa proie.

L'araignée, sans toile, serait fort embarrassée, car les insectes dont elle fournit sa table ont des ailes pour l'éviter, et elle n'en a pas pour les poursuivre. Que fait-elle ? Elle imite l'homme qui tend des filets pour prendre des oiseaux. L'araignée ne fait sa toile dans les champs qu'à l'époque où les insectes qui doivent s'y fourvoyer viennent de se répandre dans l'air. Elle consulte le calendrier de la nature, et il faut admettre qu'il en existe un écrit pour chaque animal, dans la langue qui lui est familière ; car il n'en est pas un qui ne prévoie l'époque de sa chasse ou celle de son émigration.

L'araignée a sous le ventre cinq mamelons, formés chacun d'une quantité d'autres qui offrent de petites ouvertures semblables aux trous d'un crible, et qui se ferment ou s'élargissent à la volonté de l'insecte. C'est par là que le fil s'allonge en filets gommeux, et c'est quand elle resserre ses ouvertures, qu'elle demeure suspendu au bout de son fil qui cesse de croître. Ce fil, au bout duquel elle semble prendre plaisir à se balancer, lui sert encore d'échelle : elle le saisit entre ses pattes et monte par ce moyen jusqu'au point d'où elle est descendue. Ce fil est la matière de sa toile, dont voici la fabrication.

C'est dans les coins, ou près des meubles qui font saillie, que l'araignée s'établit de préférence ; en effet, chaque partie avancée lui sert de soutient, de point d'attache. Quand le lieu est définitivement choisi, elle y colle une parcelle de gomme, puis s'éloigne en rétrécissant les trous de sa filière et va fixer, avec un peu de colle, et assez loin de là, le fil qu'elle a formé. C'est sur ce premier fil qu'elle passe, entraînant après elle le second, à peu près comme un danseur court sur une corde raide. Dans ce trajet, elle a soin de passer le second fil dans un crochet de ses pattes, afin qu'il ne se mêle pas avec le premier. Les deux premiers fils bien tendus, elle s'en sert pour attacher les autres, et finit par en conduire plusieurs à la fois, qu'elle dispose de manière qu'ils restent à égale distance les uns des autres, entre les dents du petit peigne dont nous avons indiqué la place en parlant de son organisation.

Voici la chaîne de la toile dressée, il ne reste plus que la trame. Ici l'araignée diffère du tisserand, et semble moins adroite que lui dans la fa-

brication de son ouvrage. En effet, elle n'entre-
croise point, comme nos métiers, les fils de la
trame ; elle se contente de les appliquer ; mais elle
les colle aux premiers avec une liqueur bien autrement fixe que toutes celles que nous pourrions
employer. Il faut déchirer tout le travail pour dé-
sunir ces deux parties, qui n'ont été jointes que
par approche. Voilà certainement la première
leçon que l'homme dut recevoir, quand il chercha
à tisser des étoffes. L'araignée lui apprit aussi à
les ourler. Elle a senti que les bords de sa toile,
plus exposés aux chocs des corps environnants ou
aux coups d'ailes des insectes qui voltigent à l'entour, avaient besoin d'être plus épais ; aussi les
double et les triple-t-elle, en passant et repassant
dessus avec tous ses mamelons ouvert.

L'araignée se connaît ; elle sait qu'elle est d'une
formé hideuse, d'une couleur sombre, et que si elle
restait en vue, les insectes n'approcheraient point.

Elle se cache donc, mais à proximité de sa toile,
dont elle conduit plusieurs fils dans son réduit.
Deux sorties sont pratiquées à sa demeure, dont
une communique avec la face supérieure du filet
et l'autre avec sa face inférieure. Ainsi, au moindre signal, elle se présente partout. C'est dans
cette retraite qu'elle reçoit l'avis de la prise de sa

proie par le mouvement des fils qui composent son piége : elle accourt ; si l'insecte est faible, elle le met en pièces ; s'il est redoutable, elle l'enveloppe d'une grande quantité de fils, et, lorsqu'il est lié et presque aveuglé, elle en vient à bout sans peine.

Celui de tous les insectes auquel nous sommes convenus d'attacher le plus souvent l'idée de malpropreté, l'araignée, est peut-être de tous le plus propre. Jamais elle ne laisserait de poussière s'amasser sur son ouvrage ; elle lui imprime un coup de patte, qu'elle donne assez fort pour secouer les malpropretés et les faire tomber à travers les mailles, assez modéré pour ne point endommager le réseau, quelle que soit d'ailleurs sa fragilité.

La toile de l'araignée est si nécessaire à son existence, que la nature l'a pourvue de la matière de cette toile avec une largesse dont rien n'approche.

Les sucs qui lui servent à travailler ne s'épuisent pas, quelque abondants qu'elle les demande. Vous enlevez toutes les toiles d'un appartement ; la nuit s'écoule, et le lendemain vous êtes surpris de les trouver rétablies.

Les cadavres des insectes, qui serviraient d'épouvantail, sont mis à l'écart par l'araignée ; elle les retire dans sa loge, et là elle achève à loisir de les manger.

La gomme qu'elle file ne se tarit que lorsqu'elle devient vieille ; mais pour cela elle ne manque pas davantage de gibier, car de jeunes araignées lui en apportent ; et quand elle ne trouve pas de ces bienfaisantes amies, elle chasse de vive force une jeune araignée de son trou, se met à sa place, et se sert de son filet, que celle-ci va rétablir en un autre endroit : par ce moyen, elles vivent toutes les deux.

L'araignée des jardins est toute différente, et son travail n'est pas le même ; elle commence par se laisser tomber de l'extrémité d'une branche, et reste suspendue au bout de son fil jusqu'à ce que le vent la porte sur quelque point voisin.

Elle s'y attache et s'y suspend de nouveau jusqu'à ce que l'air se charge une seconde fois de la poser en un troisième point, d'où part un troisième fil. Ces premières lignes décrites, et son travail s'exécutant, elle s'assure que ses fils sont solides, en les soumettant à une légère tension. Vers le milieu, le tiers et le quart de chacun de ces fils, elle se laisse tomber de nouveau, et, par de très-larges mailles, elle termine cette première partie de son travail. Voilà le plus difficile fait. Elle suit

après la même méthode que l'araignée domestique, et se servant de ces routes toutes tracées pour
achever sa toile, elle les parcourt toujours avec
son fil qu'elle dispose circulairement autour d'un
centre commun, duquel elle fait ensuite partir bon
nombre de rayons. C'est au point central de tous
ces cercles qu'elle se met en sentinelle, la tête en
bas, afin de reposer sur la toile son ventre qui la
fatigue beaucoup, et, ainsi appliquée, elle attend
sa proie. Comme l'araignée des maisons, elle a un
nid où elle porte les débris de ses repas, et dans
lequel elle va passer la nuit et les jours de pluie.

L'araignée noire qui habite les caves, est moins
industrieuse : elle se contente de pratiquer, pour
la liberté de ses exercices, une petite porte ronde
dans la toile, dont elle tend les bords de son trou.
Elle est la plus vorace de toutes les araignées, et
la plus redoutable : avertie de même par le mouvement de ses fils, de l'approche des insectes, elle
accourt et ne craint pas de livrer combat, si sa
victime est de force à disputer sa vie. C'est la
seule des araignées qui ne craigne pas la guêpe ;
elle parvient à l'écraser.

Les araignées vagabondes sont à l'infini ; rien
de plus diversifié que leur existence.

Toutes différentes de couleur, de forme et d'habitudes, elles habitent des lieux différents et ne poursuivent pas la même proie. Elles filent, en général, beaucoup moins que les araignées sédentaires; et comme elles n'ont point de toiles pour arrêter l'aile de la mouche, la nature leur a donné deux petits paquets de plumes, avec lesquels elles arrêtent ce mouvement d'aile qui les incommode.

L'espèce la plus nombreuse parmi les araignées vagabondes, est celle qui établit sur les champs et dans les airs, les longs filaments, d'un blanc éblouissant, que nous remarquons pendant les mois de septembre et d'octobre dans les prairies, et dont quelques-uns partant de terre et continuant jusqu'à la hauteur des clochers, servent aux araignées d'échelles, et sur lesquelles elles s'élancent comme si elles volaient. Les gens de la campagne appellent cette toile : *les fils de la bonne Vierge*. Quelques savants mettent en doute que ces fils soient une production animale.

De tous les insectes, l'araignée est peut-être celui qui prend le plus de soin de sa couvée, et se met le plus en peine de l'éducation de ses petits. Elle ne connaît point de danger qui la détourne de ses œufs ou qui lui fasse oublier les soins qu'exige l'éducation de sa lignée. On la voit très-souvent emportant avec elle sa postérité. C'est dans un sac qu'elle renferme ses œufs; mais ce sac est d'un tissu bien supérieur en qualité à sa toile ordinaire; c'est l'ouvrage par excellence, c'est le chef-d'œuvre de l'artiste : ni peines, ni dépenses n'ont coûté pour fabriquer ce sac qui doit recevoir un dépôt si cher. Il est facile de trouver une araignée chargée de ce précieux fardeau, de ce sac rempli d'œufs, et qui a tout l'air d'une petite boule blanche. Si on la détache de son ventre, sans la lui enlever, elle couvre ce sac, exprime un peu de gourme de ses mamelons, s'y rattache et l'emporte en un lieu plus sûr. Il en est une autre araignée qui, au lieu d'une boule, a ses œufs renfermés sous une espèce de calotte qu'elle applique, contre le mur, ou sous une feuille, mais qu'elle ne perd point de vue, toujours prête à la dérober à la moindre apparence de danger. Les araignées sont aussi bonnes mères qu'ouvrières diligentes.

L'industrie de l'araignée va beaucoup plus loin encore; elle dispose (une espèce du moins) ses œufs dans de petits sacs de couleur grisâtre, puis elle les fixe contre un mur ou à la branche la plus forte d'un arbuste; mais, comme la forme et la couleur de ces sacs précieux sont connues des oiseaux et des insectes qui ont coutume de s'en nourrir, elle cherche à tromper les yeux de ces chasseurs, en suspendant au-devant des œufs un bouquet de feuilles desséchées : cette précaution est sage et suffit le plus souvent, car les oiseaux, outre qu'ils ne sont pas attirés par les feuilles qui sont ainsi posées, sont distraits des œufs par l'agitation continuelle de ces feuilles qui, balancées au devant d'eux, empêchent qu'on puisse les remarquer. Certes, voilà de hautes combinaisons.

Ce n'est point assez de cette tendresse pour ses œufs, l'araignée fait encore plus : elle se sacrifie pour ces mêmes œufs lorsqu'ils sont une fois éclos. Il n'est pas rare de voir une araignée mère porter un nombre infini de petits sur son dos : on dirait d'abord quelques points rugueux ; mais dès qu'on les touche, les petits se mettent à courir le long des fils avec une vitesse extrême comparativement à leur force, et ne reviennent sur l'épaule de la mère que lorsque le péril est passé.

Voici les traits principaux que fournit l'histoire des araignées en général ; mais l'observateur, mis sur la voie par ces premières données, découvrira, dans les variétés infinies de cette espèce, des combinaisons dont nous n'avons pu tenir compte, et chaque jour une observation nouvelle lui procurera une nouvelle jouissance ; nous lui promettons même qu'il finira par aimer l'arai-

gnée, quelque dégoût qu'elle lui inspire aujour-
d'hui.

LES FOURMIS.

Comme l'abeille, la fourmi vit en communauté,
elle a ses droits, ses occupations journalières et
ses habitudes naturelles et de convention. C'est
une ville que la demeure des fourmis, où des rues
couvertes, de véritables corridors aboutissent à
de grands magasins. Rien n'égale leur économie et
leur adresse à marauder. Elles sont avares, La
Fontaine l'a dit : *La fourmi n'est pas prêteuse;* et
cette phrase, comme toutes celles qui sont sorties
de la plume du bonhomme, est devenue proverbe.
La fourmi n'est pas prêteuse, et comment pourrait-elle l'être? Qu'on réfléchisse à toutes les fatigues qu'il lui faut supporter pour amener ses
provisions jusqu'à son logis; que l'on fasse le
compte de ces nombreux enfants qu'il lui faut
nourrir, qu'il lui faut élever, et on ne lui repro-
chera point un défaut qui, dans sa position, ne
paraîtra plus qu'une vertu. Celui-là est peu prodigue qui acquiert avec peine, et la générosité,
que l'on admire tant, n'est souvent que la facilité
que l'on éprouve à dépenser ce que l'on a recueilli
sans travail.

La fourmi, quand elle est en maraude, met en œuvre des ressources que les autres insectes ignorent ou négligent. Elles les surpasse en ce sens, que tous ses mouvements paraissent plus combinés, et qu'elle ne semble point se livrer au pillage, mais faire sa récolte. Dès que l'expédition est arrêtée, des éclaireurs sont envoyés à la découverte, et, sur les renseignements qu'ils apportent, les détachements se mettent en route; leur nombre est toujours proportionné à la quantité, à la qualité des aliments qu'on a découverts ou aux périls de l'entreprise, ou même encore aux difficultés et à la longueur du voyage. Si le mauvais état des chemins retarde le premier détachement, un second est envoyé à sa rencontre, qui se charge de ses provisions, et si cette seconde troupe, qui a fait la moitié de la route, tarde trop à rentrer aux magasins, une troisième est dépêchée, qui, le plus souvent, trouve la première au tiers du chemin, et partage les travaux avec elle, jusqu'à l'arrivée aux greniers, qui sont disposés pour les recevoir. Parfois aussi les fourmis se placent par échelons, et sans faire un long chemin elles parviennent en peu de temps à dévaliser l'endroit le plus fécond en provisions. C'est surtout à l'époque de la moisson qu'elles se mettent en route. Les épis, qui pour elles sont plus gros que des chênes, sont abattus, et outre qu'elles ont moins de peine à parcourir le champ, elles y trouvent en outre un plus grand nombre de grains.

Ce n'est point, comme on l'a faussement avancé, pour se nourrir pendant l'hiver, que les fourmis amassent de si nombreuses provisions, puisque pendant l'hiver, elles sont plongées dans un engourdissement léthargique, et qu'elles ne mangent pas ; mais c'est afin de nourrir leurs petits, qu'elles chérissent d'un amour extrème. Comme les chenilles, les fourmis, d'abord à l'état de ver, passent ensuite à celui de chrysalide, et finissent par devenir fourmis. On croirait volontiers que les petits des fourmis, une fois enveloppés de léur coque et dans un état de mort apparente, ne devraient plus inquiéter leurs parents, puisqu'ils cessent d'avoir besoin de nourriture, et c'est peut-être, au contraire, l'époque où ils les occupent davantage. Il est incroyable combien les fourmis se donnent de peines pour rendre à ces fèves la température favorable et les maintenir dans un état de chaleur convenable par une exposition bien calculée : selon que le temps est plus ou moins froid, elles les changent de place et les éloignent ou les rapprochent de la superficie du sol. Après la pluie, elles les étalent aux rayons du soleil ; après une chaleur excessive, elles les exposent à la rosée, enfin, pendant les nuits, qui, ordinairement, sont plus froides, elles les descendent à plus de trente centimètres sous terre.

Si on calcule, d'après la taille de ce petit insecte, les fardeaux qu'il traîne, et qui sont quelquefois double de son corps en grosseur, on lui donnera le prix de la force parmi tous les animaux. Jetez dans une fourmilière un lézard, un oiseau, vous le trouverez, en très-peu de temps, disséqué plus exactement que ne le saurait faire l'instrument le plus tranchant, conduit par la main la plus habile.

La vie commune de la fourmi est de quatre ans environ ; quelques-unes vont jusqu'à cinq ans ; mais la plupart du temps elles servent de nourriture aux perdreaux avant d'atteindre cette grande vieillesse.

LES VAGVAGUES.

Les *royageurs* ou *termès* sont des insectes originaires de l'Amérique, qui ont avec les fourmis des ressemblances frappantes, et qui n'en diffèrent beaucoup que par la couleur : ils sont blancs. Voici ce que rapportent les auteurs qui ont traité de cet animal.

« Ces fourmis, connues en Amérique parce qu'elles y voyagent en grandes troupes, creusent des espèces de caves qui ont jusqu'à huit pieds de profondeur, et qu'elles façonnent comme les hommes pourraient le faire. Quand elles veulent passer d'un point à un autre, elles forment un pont de la manière suivante : la première se place près d'un morceau de bois qu'elle tient serré entre ses dents ; une seconde s'attache derrière la première, et ainsi de suite. De cette façon, elles se laissent emporter au vent jusqu'à ce que la dernière attachée se trouve de l'autre côté, et aussitôt un million de fourmis passent sur celles-ci, qui leur servent de pont. »

Certes, il y a dans ce rapport quelque peu de fable ; mais ce que les naturalistes nous racontent de cet insecte n'est pas moins miraculeux que ce qu'en disent les voyageurs.

On compte cinq espèces de termès : le *belliqueux*, le *mordant*, l'*atroce*, le *destructeur* et le *termès des arbres*. Les uns élèvent leur nid au-dessus du sol, les autres sur les arbres ; d'autres le construisent sous terre.

Les édifices les plus élevés sont ceux des belliqueux. Ils ont jusqu'à trois ou quatre mètres d'élévation au-dessus du sol, et la figure d'un pain

de sucre. Ce sont les *pyramides d'Égypte* des insectes. Aussi durs que ces masses indestructibles,
les cônes des termès ne craignent ni la main de
l'homme, ni le choc furieux des taureaux sauvages. L'insecte a tout au plus sept millimètres de
longueur, et ses édifices sont, eu égard à ces dimensions, cinq fois plus grands pour lui que la
plus haute des *pyramides d'Égypte* ne l'est pour
l'homme. L'ordonnance de ces monuments est
régulière, la distribution en est inextricable. On
trouve dans tous une *chambre royale* destinée au
père et à la mère de famille : les appartements
communs où sont élevés les petits, où doivent
éclore les œufs ; des nourriceries et des *magasins*
ou *officines* dans lesquels sont rangés une quantité
innombrable de petits pains de gomme. Cette
gomme est extraite des plantes dont les sucs ont
été soumis à une véritable élaboration. Dans toutes
ces habitations, les petites cellules ont une forme
très-irrégulière, et forment un labyrinthe dont
l'insecte seul possède le fil.

La *chambre royale* est en communication avec
toutes les parties de l'édifice par un nombre considérable de petits corridors ; elle est au sommet
du cône, et la base de ce même cône est occupée
par des galeries plus larges que le plus gros canon,

et dans lesquelles les travailleurs vont broyer le gravier dont ils composent ensuite leur mortier. Cette pâte pierreuse sert à la construction de toutes les chambres de l'édifice, celles des nourriceries exceptées; celles-ci sont en bois.

Le *termès* mordant n'élève son nid qu'à six décimètres de hauteur, et le couvre d'une véritable toiture, de manière qu'il a l'aspect d'un petit colombier. Quant aux termès des arbres, leur habitation, qui d'ordinaire est posée sur des arbres et sur les toits des maisons, est toujours de forme cylindrique. Elle est de bois et de parties gommeuses; et il n'est pas rare d'en voir de la grosseur d'une barrique à sucre.

Le termès belliqueux se divise en deux classes; l'un, très-pacifique, qui forme le quatre-vingt-dix-neuvième de la population, et qu'on appelle les *travailleurs*, et l'autre, ou les *guerriers*, qui a fait donner le nom à l'espèce. Ceux-ci ont des yeux très-saillants et sont plus longs de quatorze millimètres que les autres : ils percent avec une extrême facilité les corps les plus durs, et font des piqûres très-dangereuses. Quelques termès enfin sont privilégiés et ont des ailes.

Les Africains font une guerre ouverte à ces animaux, lorsque le temps devient humide, époque

que l'insecte choisit de préférence pour émigrer.
La troupe est d'un million d'individus et plus;
mais les oiseaux et les reptiles en détruisent un
si grand nombre, qu'à peine s'il en reste un couple capable de reproduire.

Ce couple, rentré au nid après avoir échappé à
la destruction, est l'objet d'un culte. Les travailleurs l'enferment dans la chambre royale et le
tiennent en abondance de toutes choses, tandis
que les soldats veillent à sa sûreté et le préservent de toute atteinte; c'est ce couple qui doit rétablir les pertes de la colonie. La femelle ne tarde
pas à devenir deux mille fois plus volumineuse
par le ventre que dans tout le reste du corps, et
elle pousse ses œufs au dehors, au nombre de plus
de cinquante, en quelques secondes; on prétend
qu'elle peut en fournir ainsi jusqu'à cent mille
dans la journée. Les travailleurs enlèvent ces œufs
aussitôt qu'ils sont pondus, et les portent dans les
nourriceries. Après cette précaution, avons-nous
besoin d'ajouter qu'ils élèvent avec une sollicitude
presque maternelle les petits qui en sortent?

Il est assez divertissant, quand d'ailleurs on a
pris quelques précautions auxquelles le courage
et l'opiniâtreté de cet insecte obligent de recourir,
de faire une brèche à l'édifice des termès. On voit

un guerrier, placé sans doute en sentinelle, qui paraît aussitôt : deux autres serviteurs surviennent bientôt, un plus grand nombre s'assemble ; puis on voit tout un escadron s'élancer au dehors, le dard tiré ; et malheur à l'imprudent qui ne battrait pas en retraite ! car le termès fait une profonde piqûre, et se laisse arracher par morceaux plutôt que de lâcher prise. S'éloigne-t-on ? tous les soldats rentrent dans la ville, et les travailleurs, la bouche pleine de mortier, accourent sur la brèche, la réparent, et ne quittent le travail que lorsque l'ouverture est à peu près fermée : on prétend même que dans ces circonstances, une escouade de soldats reste au dehors pendant la nuit, afin de donner l'éveil si l'ennemi osait revenir à la charge.

Avec les instruments qui leur ont été donnés pour attaquer le bois, on conçoit que les termès sont pour les habitations des voisins très-dangereux : une espèce surtout, le *termès destructeur*, a été souvent cause de la ruine totale des maisons les mieux bâties. Ces ennemis arrivent par des chemins couverts jusqu'aux fondements de l'édifice ; et, comme ils percent et hachent tout le bois qui s'y rencontre, ils finissent par être redoutables, et parfois même, au moment où l'on s'aperçoit du dégât, il n'est plus au pouvoir du propriétaire de le réparer. Les fourmis de nos pays, quand, par le voisinage d'une terrasse, elles prennent possession dans une maison, produisent les mêmes désastres. J'en ai vu tomber par milliers d'une solive qu'elles avaient entièrement détruite, et à laquelle il ne restait que le plâtre, qui avait dérobé aux yeux tout leur travail. Par ce petit insecte, tous les étages supérieurs avaient été exposés à une ruine complète. Le termès destructeur n'est pas moins dangereux pour les magasins, car il n'est pas de toiles, quelque préparées qu'elles puissent être, pas de caisses ni de tonneaux qui parviennent à préserver les marchandises : tout est sacrifié.

Les termès, quand ils voyagent, observent un ordre, une surveillance, qu'envierait presque la discipline militaire : des colonnes sont disposées sur quinze de front, et composées chacune de travailleurs et de quelques soldats : d'autres soldats se disposent sur deux files et des deux côtés de la troupe pour protéger sa marche, tandis que d'autres encore, placés sur des plantes élevées, sont en vedettes et appellent l'attention des voyageurs par un *crépitement*, à l'aspect du moindre danger. Les voyageurs répondent par un long sifflement, et l'on suspend ou l'on continue cette promenade militaire. Quand la troupe rentre en terre, c'est par quelques trous creusés par l'avant-garde.

D'autres armées de fourmis noires et d'une espèce différente, voyagent aussi de la même manière : elles sont remarquables par l'étendard qu'elles portent. Après avoir dépouillé un arbre de toutes ses feuilles, elles découpent celles-ci en petits morceaux de la forme d'une pièce de dix sous, et portent ainsi chacune un parasol, ce qui rend très-plaisant l'aspect de la petite caravane.

LA MOUCHE.

La mouche commune n'est pas à ranger au nombre des insectes les plus industrieux, et cependant il est une attention de laquelle elle ne s'écarte jamais, et qui est si nécessaire à son existence, qu'il est très-beau à elle de ne point la négliger.

Il n'est personne qui n'ait remarqué combien fréquemment la mouche s'arrête dans sa marche pour passer ses pattes sous ses ailes, et au premier abord, on ne conçoit pas toute l'utilité qui justifie un acte aussi souvent répété. C'est que la mouche n'ignore pas que, sans cette précaution, la fumée, la poussière, la pluie, le brouillard même, chargeraient ses ailes et accableraient son corps délicat. Aussi elle secoue les brosses dont la nature l'a pourvue, en frottant ses pattes l'une contre l'autre, puis elle les passe toutes deux dessus ses ailes et dessous, ramenant ainsi ses époussettes par dessus sa tête, ce qui lui sert à nettoyer ses yeux.

Ces soins remplis, elle distingue de plus loin et plus sûrement l'enfant qui menace de la faire servir à ses jeux barbares, et la boutique de la marchande dont elle va picoter l'étalage. Elle oublierait de faire sa toilette, qu'elle serait prise à l'improviste, et que ses ailes, inhabiles au vol, ne pourraient la sauver.

LE CYNIPS.

Ces insectes, dont les espèces et les variétés sont innombrables, sont surtout remarquables dans celui de ces genres qui habite le chêne, et qui confie à ce roi des végétaux l'espérance de sa fécondité.

Le cynips du chêne perce le jeune bouton ou la feuille de cet arbre, et dépose, dans l'ouverture qu'il pratique, ses œufs et une goutte d'une substance extrêmement amère. Ce poison de l'insecte produit une sorte de fermentation étrangère qui attire en cet endroit les sucs nourriciers du végétal, et la forme comme la couleur des parties voisines sont altérées par ce travail contre nature. La séve, détournée de son chemin, afflue autour de l'œuf et y produit un renflement qui se durcit au dehors, et enveloppe le jeune cynips d'une espèce de voûte : c'est cette voûte ou noyau dans lequel s'établit une véritable circulation végétale, qui finit par prendre un certain accroissement sous le nom de *noix de galle*. Le vermisseau trouve, avec sa nourriture, un logement spacieux dans ce local, jusqu'à ce qu'il se change en nymphe, et de nymphe en cynips : alors il perce son enveloppe, et devient aussi vagabond qu'il était sédentaire.

Sa demeure ne reste pas toutefois sans locataire ; d'ordinaire une petite araignée le remplace, et tend ses filets dans un lieu déjà si convenablement disposé pour elle.

Parfois encore le cynips n'est point développé à temps, et l'automne survenant, la noix de galle tombe avec la feuille. Elle ne reçoit plus de sucs végétaux ; mais l'insecte ne se développe qu'au printemps suivant, et il trouve encore assez de substance dans l'intérieur de la coque, pour s'y nourrir jusqu'au moment où il ira vivre au grand air.

C'est cette noix de galle, produite par le chêne et par le cynips, substance végétale et animale tout ensemble, qui sert, avec une quantité suffisante de vitriol, à fabriquer l'encre. Je me serais montré ingrat si j'avais mis en oubli le *cynips*, auquel j'ai dû la matière même avec laquelle j'ai écrit ces pages.

On a cru pendant longtemps que la *cochenille*, cette espèce de petite graine rouge que nous envoie le commerce, était produite, comme la noix de galle, par la piqûre d'un insecte ; depuis on s'est assuré que c'est l'insecte lui-même. La manière dont les Américains le recueillent et le font multiplier est assez curieuse pour mériter d'être rapportée ici.

C'est le *nopal*, espèce de figuier à feuilles épaisses, qui nourrit les *cochenilles*. Les habitants qui le cultivent y apportent, aux approches de la saison des pluies, plusieurs petits pucerons qui en mangent les parties vertes. Quand les pluies sont passées, et qu'ils sont devenus forts, on les met, au nombre de douze ou quinze, dans de petits paniers de mousse, appelés *pastles* dans ce pays, et qui leur servent de nids. Les mères meurent après avoir fait leurs petits, et ces petits sortent du panier et se répandent sur le *nopal*, où, en l'espace de trois mois, ils grossissent assez pour produire une autre couvée.

On laisse vivre cette seconde couvée, et avec des instruments appropriés, on enlève la première, que l'on porte au loin.

Les Américains font sécher les cochenilles sur des lames de tôle ou au four : quelquefois ils les tuent en les précipitant dans l'eau chaude. Celle qui est mise à l'eau est d'un brun roux; celle qu'on tue au four est de couleur cendrée, et celle qui a été grillée à la poêle est noire et paraît brûlée.

LES HABITANTS DU FRAISIER.

Comme en terminant la première partie de ce recueil, nous avons cité Sterne, Pluche et Buffon, et tiré de ces auteurs des passages concernant l'âne, qu'on lira avec plus de plaisir que les nôtres, nous croyons, afin de quitter la plume après de belles pages, pouvoir emprunter aux *Études de la nature*, de Bernardin de Saint-Pierre, une description remplie de grâce et de richesse, comme aussi à un *anonyme*, une fiction allégorique pleine de malignité et de philosophie.

Un jour d'été, dit l'auteur des *Études*, pendant que je travaillais à mettre en ordre quelques observations sur les harmonies de ce globe, j'aperçus sur un fraisier qui était venu par hasard sur ma fenêtre, de petites mouches si jolies que l'envie me prit de les décrire. Le lendemain j'en vis d'une autre sorte, que je décrivis encore. J'en observai pendant trois semaines trente-sept espèces toutes différentes ; mais il en vint à la fin un si grand nombre et d'une si grande variété, que je laissai là cette étude, quoique très-amusante, parce que je manquais de loisir, et, pour dire la vérité, d'expressions.

Les mouches que j'avais observées étaient toutes distinguées les unes des autres par leurs couleurs, leurs formes, leurs allures : il y en avait de dorées, d'argentées, de bronzées, de tigrées, de rayées, de bleues, de vertes, de rembrunies, de chatoyantes. Les unes avaient la tête arrondie comme un turban, les autres allongée en pointe de clou ; à quelques-unes elle paraissait obscure comme un point de velours noir : elle étincelait à d'autres comme un rubis. Il n'y a pas moins de variété dans leurs ailes : quelques-unes en avaient de longues et de brillantes comme des lames de nacre ; d'autres de courtes et de larges qui ressemblaient à des réseaux de la plus fine gaze. Chacune avait la manière de les porter et de s'en servir : les unes les portaient perpendiculairement, les autres horizontalement, et semblaient prendre plaisir à les étendre. Celles-ci volaient en tourbillonnant à la manière des papillons, celles-là s'élevaient en l'air en se dirigeant contre le vent, par un mécanisme à peu près semblable à un cerf-volant de papier, qui s'élève, en formant avec l'axe du vent, un angle, je crois, de vingt-deux degrés et demi. Les unes abondaient sur cette plante pour y déposer leurs œufs, d'autres simplement pour s'y mettre à l'abri du soleil. Mais la plupart y venaient pour des raisons qui m'étaient inconnues, car les unes allaient et venaient dans un mouvement perpétuel, tandis que d'autres ne remuaient que la partie postérieure de leurs corps. Il y en avait beaucoup qui étaient immobiles, et qui étaient peut-être occupées comme moi à observer. Je dédaignai, comme suffisamment connues, toutes les tribus des autres insectes qui étaient attirées sur mon fraisier, telles que les limaçons qui se nichaient sous les feuilles, les papillons qui voltigeaient autour, les scarabées qui en labouraient les racines, les petits vers qui trouvaient le moyen de vivre dans le parenchyme, c'est-à-dire dans la seule épaisseur d'une feuille ; les guêpes et les mouches à miel qui bourdonnaient autour de ces fleurs, les pucerons qui en suçaient les tiges, les fourmis qui léchaient les pucerons, enfin les araignées qui, pour attraper ces différentes proies, tendaient leurs filets dans le voisinage.

Quelque petits que fussent ces objets, ils étaient dignes de mon attention, puisqu'ils avaient mérité celle de la nature. Je n'eusse pu leur refuser une place dans son histoire générale, lorsqu'elle leur en avait donné une dans l'univers. Si j'eusse écrit l'histoire de mon fraisier, il eût fallu en tenir compte. Les plantes sont les habitations des insectes, et on ne fait pas l'histoire d'une ville sans parler de ses habitants.

D'ailleurs, mon fraisier n'était pas dans son lieu naturel, en pleine campagne, sur la lisière d'un bois ou sur le bord d'un ruisseau, où il eût été fréquenté par bien d'autres espèces d'animaux. Il était dans un pot de terre, au milieu des fumées de Paris. Je ne l'observai qu'à des moments perdus; je ne connaissais point les insectes qui le visitaient dans le cours de la journée, encore moins ceux qui ne venaient que la nuit. J'ignorais quels étaient ceux qui le fréquentaient pendant les autres saisons de l'année, et le reste de ses relations avec les reptiles, les amphibies, les poissons, les oiseaux, les quadrupèdes, et les hommes surtout, qui comptent pour rien tout ce qui n'est pas à leur usage.

Mais il ne suffisait pas de l'observer, pour ainsi dire, du haut de ma grandeur; car, dans ce cas, ma science n'eût pas égalé celle d'une de ces mouches qui l'habitaient. Il n'y en avait pas une seule

qui, le considérant avec ses petits yeux sphéri-
ques, n'y dût distinguer une infinité d'objets que
je ne pouvais apercevoir qu'au microscope, avec
des recherches infinies. Leurs yeux mêmes sont
très-supérieurs à cet instrument, qui ne nous
montre que les objets qui sont à quelques millimètres de distance, tandis qu'ils aperçoivent, par
un mécanisme qui est tout à fait inconnu, ceux
qui sont auprès d'eux et au loin. Ainsi mes mouches devaient voir d'un coup d'œil, dans mon fraisier, une distribution et un ensemble de parties
que je ne pouvais observer au microscope que
séparées les unes des autres, et successivement.

En examinant les feuilles de ce végétal, au
moyen d'une lentille de verre qui grossissait médiocrement, je les ai trouvées divisées par com-
partiments, hérissées de poils, séparées par des
canaux et parsemées de glandes. Ces comparti-
ments m'ont paru semblables à de grands tapis de
verdure, leurs poils à des végétaux d'un ordre
particulier, parmi lesquels il y en avait de droits,
d'inclinés, de fourchus, de creusés en tuyaux, de
l'extrémité desquels sortaient des gouttes de liqueur ; et leurs canaux, ainsi que leurs glandes,
me paraissaient remplis d'un fluide brillant. Sur
d'autres espèces de plantes, ces poils et ces canaux

se présentent avec des formes, des couleurs et des fluides différents.

Il y a même des glandes qui ressemblent à des bassins ronds, carrés ou rayonnants. Or, la nature n'a rien fait en vain. Quand elle dispose un lieu propre à être habité, elle y met des animaux. Elle n'est pas bornée par la petitesse de l'espace. Elle en a mis avec des nageoires dans de simples gouttes d'eau, et en si grand nombre, que le physicien Lovenhok y en a compté des milliers. On peut donc croire par analogie qu'il y a des animaux qui paissent sur les feuilles des plantes, comme les bestiaux dans nos prairies, qui se couchent à l'ombre de leurs poils imperceptibles, et qui boivent dans leurs glandes, façonnées en soleils, des liqueurs d'or et d'argent. Chaque partie des fleurs doit leur offrir des spectacles dont nous n'avons point d'idées. Les anthères jaunes des fleurs, suspendues sur des filets blancs, leur présentent de doubles solives d'or en équilibre sur des colonnes plus belles que l'ivoire, les corolles, des voûtes de rubis et de topaze d'une grandeur incommensurable ; les nectaires, des fleuves de sucre ; les autres parties de la floraison, des coupes, des urnes, des pavillons, des dômes que l'architecture et l'orfévrerie des hommes n'ont pas encore imités.

Je ne dis point ceci par conjecture, car un jour ayant examiné au microscope des fleurs de thym, j'y distinguai avec la plus grande surprise de superbes *amphores* à long cou, d'une manière semblable à l'améthyste, au milieu desquelles semblaient sortir des lingots d'or fondu. Je n'ai jamais observé la corolle de la plus petite fleur, que je ne l'aie vue composée d'une manière admirable, demi-transparente, parsemée de brillants et teinte des plus riches couleurs. Les êtres qui vivent sous leurs riches reflets doivent avoir d'autres idées que nous de la lumière et des autres phénomènes de la nature. Une goutte de rosée qui filtre dans les tuyaux capillaires et diaphanes d'une plante, leur présente des milliers de jets d'eau ; fixée en boule, à l'extrémité d'un de ses poils, un océan sans rivage ; évaporée dans l'air, une mer aérienne. Ils doivent donc voir les fluides monter au lieu de descendre, s'élever en l'air au lieu de tomber. Leur ignorance doit être aussi merveilleuse que leur science. Comme ils ne connaissent à fond que l'harmonie des plus petits objets, celle des grands doit leur échapper.

LES INSECTES D'UN JOUR.

Un passage de Cicéron, dont nous allons offrir

la traduction, a donné à l'auteur anonyme l'idée de la pièce qu'on va lire. Il a amplifié une pensée qui, féconde en développements, ne l'a pas moins été en critiques malignes de nos prétentions et de notre importance.

Voici le passage de Cicéron traduit des *Tusculanes.*

« Aristote dit qu'il y a sur la rivière Hipanis de petites bêtes qui ne vivent qu'un jour : celle qui meurt à huit heures du matin, meurt en sa jeunesse ; celle qui meurt à cinq heures du soir, meurt en sa décrépitude. »

Voici comment l'anonyme s'est approprié cette idée : il a mis en scène un petit insecte hypanien, très-fier de sa vie de douze heures, et qui a bien l'air de l'homme, qui, après avoir existé un siècle, veut que cet espace soit quelque chose en présence de l'éternité.

« Supposons, dit-il, qu'un des plus robustes de ces Hypaniens fût, selon ces nations, aussi ancien que le temps même ; il aura commencé à exister à la pointe du jour, et par la force extraordinaire de son tempérament, il aura été en état de soutenir une vie active pendant le nombre infini de dix ou douze heures. Durant une si longue suite d'instants, par l'expérience et par ses réflexions sur tout ce

qu'il a vu, il doit avoir acquis une haute sagesse;
il voit ses semblables qui sont morts sur le midi
comme des créatures heureusement délivrées du
grand nombre d'incommodités auxquelles sa vieillesse est sujette. Il peut avoir à raconter à ses pe-
tits-fils une tradition étonnante de faits antérieurs
à toutes les mémoires de la nation. Le jeune essaim, composé d'êtres qui peuvent avoir vécu une
heure, approche avec respect de ce vénérable
vieillard, et écoute avec respect ses discours ins-
tructifs. Chaque chose qu'il leur racontera paraîtra un prodige à cette génération, dont la vie est
si courte. L'espace d'une journée leur paraîtra la
durée entière du temps, et le crépuscule du jour
sera appelé, dans leur chronologie, la grande ère
de leur création.

« Supposons maintenant que ce vénérable insecte, ce Nestor de l'Hypanis, un peu avant sa
mort, et environ l'heure du coucher du soleil, ras-
semble tous ses descendants, ses amis et ses connaissances, pour leur faire part en mourant de ses
derniers avis. Ils se rendent de toutes parts sous
le vaste abri d'un champignon, et le sage mori-
bond s'adresse à eux de la manière suivante :

» Amis, compatriotes, je sens que la plus longue vie doit avoir une fin. Le terme de la mienne

est arrivé, et je ne regrette pas mon sort, puisque mon grand âge m'était devenu un fardeau, et que pour moi il n'y a plus rien de nouveau sous le soleil. Les révolutions et les calamités qui ont désolé mon pays, le grand nombre d'accidents particuliers auxquels nous sommes tous sujets, les infirmités qui affligent notre espèce, et les malheurs qui me sont arrivés dans ma propre famille, tout ce que j'ai vu dans le cours d'une longue vie ne m'a que trop appris cette grande vérité, qu'aucun bonheur placé dans les choses qui ne dépendent pas de nous ne peut être assuré ni durable. Une génération entière a péri par un vent aigu ; une multitude de notre jeunesse imprudente a été balayée dans les eaux par un vent frais et inattendu. Quels terribles déluges ne nous a pas causés une pluie soudaine ! Nos abris même les plus solides ne sont pas à l'abri d'un orage de grêle. Un nuage sombre fait trembler tous les cœurs les plus courageux.

» J'ai vécu dans les premiers âges et conversé avec des insectes d'une plus haute taille, d'une constitution plus forte, et je puis dire encore d'une plus grande sagesse qu'aucun de ceux de la génération présente. Je vous conjure d'ajouter foi à mes dernières paroles, quand je vous assure que le soleil, qui nous paraît maintenant au delà de l'eau, et qui semble n'être pas éloigné de la terre, je l'ai vu autrefois fixé au milieu du ciel, et lancer ses rayons directement sur nous. La terre était beaucoup plus éclairée dans les âges reculés, l'air beaucoup plus chaud, et nos ancêtres plus sobres et plus vertueux. Quoique nos sens soient affaiblis, ma mémoire ne l'est pas ; je puis vous assurer que cet astre glorieux a du mouvement. J'ai vu son premier lever sur le sommet de cette montagne, et je commençai ma vie vers le temps où il commença son immense carrière. Il a, pendant plusieurs siècles, avancé dans le ciel avec une chaleur prodigieuse et un éclat dont vous ne pouvez avoir aucune idée, et que sûrement vous n'auriez pu supposer ; mais maintenant, par son déclin et une diminution sensible dans sa vigueur, je prévois que toute la nature doit finir en peu de temps, et que ce monde va être enseveli dans les ténèbres en moins d'une centaine de minutes.

« Hélas ! mes amis, combien ne me suis-je pas autrefois flatté de l'espérance trompeuse d'habiter toujours cette terre ! Quelle magnificence dans les cellules que je me suis moi-même creusées ! Quelle confiance n'avais-je pas mise dans la fermeté de mes membres et les ressorts de leurs jointures, et

dans la force de mes ailes? Mais j'ai assez vécu
pour la nature et pour la gloire; et aucun de ceux
que je laisse après moi n'aura la même satisfac-
tion en ce siècle de ténèbres et de décadence que
je vois commencer. »

CONCLUSION

Il est peu d'ouvrages qui obtiennent un succès
de longue durée, s'ils n'offrent pas un côté moral, et ne renferment aucune de ces vérités éter-
nelles, fécondes en réflexions, et dont la médita-
tion plaît à l'homme autant et plus longtemps que
les plaisirs mêmes : voilà peut-être pourquoi l'a-
pologue eut tant de succès à une certaine époque;
où les rois, au lieu de se faire la guerre, s'en-
voyaient des allégories à deviner et des énigmes
à résoudre; où l'esclave obtenait sa liberté, lorsque, sous le voile ingénieux de la fable, il avait
donné à son maitre un conseil utile, et corrigé en

lui un défaut sans blesser son amour-propre. Il faut en convenir aujourd'hui, aussi bien qu'alors, les idées morales sont bien reçues des hommes rassemblés en masse; il est aussi rare que la foule n'applaudisse pas une pensée de vertu noblement exprimée, qu'il est facile de trouver dans toutes les anecdotes, dans toutes les chansons qui deviennent populaires, quelque sentiment délicat, quoique rendu par des expressions grossières. Cette observation fait honneur à l'humanité. Elle peut être utile aux auteurs, et, parmi eux, il en est qui lui doivent une grande part de leurs succès. Ce que l'on est convenu d'appeler l'*intérêt* dans un ouvrage, n'est souvent autre chose que l'art avec lequel l'écrivain a su y mêler la morale; car on ne trouve intéressant un ouvrage qu'autant qu'il émeut, et l'on ne saurait procurer des émotions durables, profondes et douces tout à la fois, si l'on n'en puise les causes dans l'honneur et dans la vertu.

Trop heureux dans le choix du sujet que nous avons traité, nous avons eu sans cesse, et même à notre insu, des considérations toutes sublimes à joindre aux faits que nous devions exposer; et dès le départ, nous étant promis de ne peindre, pour ainsi dire, que dans leur partie morale les êtres que nous allions rencontrer sur notre route, nous avons pu, en mille endroits, expliquer la supériorité de la créature par sa divine origine, ou opposer à sa faiblesse la puissance et la majesté du Créateur. Partout nous avons été soutenu par cet avantage de notre position ; aussi ne devons-nous qu'au sujet même l'indulgence qui pourra nous être accordée.

Combien d'animaux n'ont pu être observés, à cause de leur petitesse, et qui ont sans doute une industrie dont les effets nous échappent, mais qui, en rapport avec leurs besoins et leurs habitudes, avec les instruments et les ressources qu'ils possèdent pour la servir, n'est pas moins singulière ni moins admirable que celle des individus les plus grands ! Ceux-ci n'ont souvent sur les premiers que l'avantage de frapper nos regards par des dimensions énormes, et de s'offrir à une observation plus facile.

En effet, que d'instincts existent chez les animaux que nous ne saurions seulement apercevoir à l'aide de nos instruments d'optique les mieux confectionnés, et quelle idée infinie ne devons-nous pas nous faire de la grandeur de l'auteur de tant de prodiges, si, comme Fénélon nous le conseille, nous laissons notre imagination se créer des forêts, au lieu des poils de duvet d'un fruit ou d'une feuille, et imaginer, à l'ombre de ces végétaux de la plus petite dimension, des animaux plus petits encore, et auxquels nous serons forcés d'accorder des besoins, des actions et même des idées. En ce sens, nous l'admettons sans peine, notre ouvrage n'est plus qu'un extrait, encore très-abrégé, de celui que pourrait faire l'homme privilégié qui, par un bienfait unique de la Providence, obtiendrait tout à coup des yeux assez parfaits pour découvrir ces milliers de mondes, qui ne sont pas appréciables à nos sens, et que notre pensée seule peut soupçonner.

Racine le fils, dans son beau poëme de *la Religion,* et Delille dans celui non moins admirable des *Trois règnes,* ont célébré en vers, souvent très-heureux, quelques-unes des merveilles qui nous sont cachées, et qui se perdent pour nous dans les infiniment petits. Ces hommages de la poésie, quoique destinés à louer l'industrie de certains animalcules, s'adressent directement à la Providence qui les a créés. Il en est de même d'un grand nombre de pages éloquentes inspirées par le même sujet aux Fénélon, aux Bernardin de Saint-Pierre, aux Châteaubriand.

Si nous ne nous arrêtions au milieu de la foule

des matières que présente, comme une mine iné-
puisable, le sujet dans lequel nous sommes entré,
cet ouvrage n'aurait plus de bornes. Nous laisse-
rons beaucoup encore à la réflexion du lecteur
qui, assez initié aux mystères de la nature, a reconnu déjà que cet univers n'est autre chose *que
la pensée de Dieu rendue manifeste.*

Ici est terminée la tâche que je m'étais imposée :
je serai trop heureux si l'homme du monde avoue
que je l'ai distrait, par une occupation douce, de
quelques-uns de ses chagrins, suite inévitable de
ses plaisirs, et si les jeunes gens, auxquels ce
livre est surtout destiné, veulent méditer quelques-uns des préceptes qu'il renferme.

Après la lecture de cet ouvrage, nos jeunes lecteurs apprécieront mieux les ouvrages de l'Éter-
nel ; les connaissant davantage, leur foi deviendra
plus vive, leur reconnaissance plus expressive,
et, dans toutes les circonstances de la vie, leurs
consolations en seront plus faciles et plus nombreuses.

FIN.

TABLE DES MATIÈRES

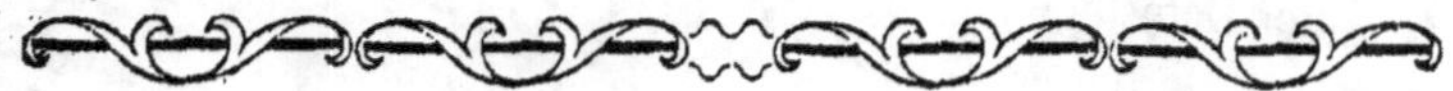

FIN DE LA TABLE DES MATIÈRES.

Saint-Denis. — Typ. J. BROCHIN, rue de Paris, 94.

9 782329 297675